水肥药一体化应用技术

任秀娟　程亚南　王丙丽　编著

中国农业出版社
北　京

图书在版编目（CIP）数据

水肥药一体化应用技术 / 任秀娟，程亚南，王丙丽
编著. —北京：中国农业出版社，2023.10（2024.4重印）
ISBN 978-7-109-29009-9

Ⅰ.①水…　Ⅱ.①任…②程…③王…　Ⅲ.①肥水管
理　Ⅳ.①S365

中国版本图书馆 CIP 数据核字（2022）第 012438 号

中国农业出版社出版

地址：北京市朝阳区麦子店街 18 号楼
邮编：100125
责任编辑：魏兆猛　　文字编辑：张田萌
版式设计：杨　婧　　责任校对：周丽芳
印刷：中农印务有限公司
版次：2023 年 10 月第 1 版
印次：2024 年 4 月北京第 2 次印刷
发行：新华书店北京发行所
开本：880mm×1230mm　1/32
印张：5.5
字数：154 千字
定价：30.00 元

前　言

　　为满足农业现代化建设中基层对农业先进技术的学习和推广需求，本书以浅显易懂的语言，主要介绍了我国水肥药一体化技术基本知识、水肥药一体化工程设施及设备（第一章和第二章由河南科技学院任秀娟、程亚南编写）；针对目前农业生产中的不同作物类型，重点介绍了大田作物水肥药一体化技术应用、果园水肥药一体化技术应用、设施蔬果水肥药一体化技术应用（第三章、第四章、第五章由河南科技学院任秀娟、王丙丽编写）。水肥药一体化技术可以节水、节肥、省药、省工、省成本，可以提高产量、增加经济效益，是现代农业值得推广的一项管理技术。在编写过程中，编者查阅了大量的文献，并根据其应用技术进行了相应的简化整理，在此对文献作者表示感谢。

　　由于编者水平有限，难免会有纰漏之处；另外，我国地域辽阔，一些技术方案的区域性较强，也请农民朋友在应用一些技术方案时根据当地具体环境条件进行调整。本书的出版得到了河南省生物药肥研发与协同应用工程中心的支持，在此表示感谢。

任秀娟

2020 年 12 月 23 日

目　　录

目　录

第一章 水肥药一体化基本知识

水肥药一体化技术是将灌溉与施肥、施药融为一体的农业新技术。其借助一定的压力系统或设备将可溶性固体或液体肥料或农药，通过管道和滴头形成滴灌、微灌等形式，均匀、定时、定量地注入土壤，进而被作物吸收，以达到为作物提供养分、防治病虫草害的目的。同时，该技术也具有节水、节药、省工的特点，能够减少农业面源污染，满足农业节水需求。

第一节 作物必需营养元素及病虫草害防治特点

一、植物必需营养元素

（一）植物必需营养元素的概念与种类

植物为了保证正常的生长发育和代谢活动，需要从外界环境中吸收物质和能量，用于满足自身正常的物质和能量代谢，这些吸收的物质和能量就是植物的营养。

作物生长需要多种营养元素，目前已发现植物体内有70多种元素，但是这些元素并非全部都是植物生长发育所必需的营养元素。确定某种元素是否是植物必需营养元素的三条标准：

（1）这种化学元素对所有高等植物的生长发育是不可缺少的，缺少这种元素植物就不能完成其生命周期。生命周期对高等植物来说，即由种子萌发到再结出种子的过程。例如对小麦来说，整个生命周期就是从小麦播种到小麦籽粒收获。

（2）缺乏这种元素后，植物会表现出特有的症状，而且其他任何一种化学元素均不能代替其作用，只有补充这种元素后症状才能减轻或消失。

（3）这种元素必须直接参与植物的新陈代谢，对植物起直接的营养作用，而不是改善环境的间接作用。

同时符合这三条标准的化学元素才能称为植物必需营养元素。目前，国内外公认的植物正常生长必需的营养元素有碳、氢、氧、氮、磷、钾、钙、镁、硫、铁、锰、铜、锌、硼、钼、氯和镍，共17种。

（二）植物必需营养元素的分组和来源

各种必需营养元素在植物体内的含量差别很大，根据其含量的高低划分为大量营养元素、中量营养元素和微量营养元素。大量营养元素平均含量占植物体干物重的0.5%以上，包括碳、氢、氧、氮、磷、钾，说明植物对其需求量较大；中量营养元素平均含量占植物体干物重的0.1%～0.5%，它们是钙、镁和硫，植物对这三种元素的需求量中等；微量营养元素的平均含量占植物体干物重的0.1%以下，它们是铁、锰、铜、锌、硼、钼、氯和镍，植物对这几种元素的需求量相对较少。值得注意的是，有些元素虽然不是必需营养元素，但是对特定植物是必需的，例如豆科作物需要钴、茶树需要铝、水稻需要硅等，它们对某些植物的生长发育或生长发育的某些环节有积极的影响，这些元素称为有益元素，在施肥时应酌情考虑有益元素肥料的施用。

必需营养元素中，碳来自空气中的二氧化碳（CO_2），氢来自水（H_2O），氧来自二氧化碳和水，而其他的必需营养元素几乎全部来自土壤和肥料。因此，作物产量的高低不仅受土壤肥力的影响，而且更大程度上取决于外源肥料的施入。

（三）植物必需营养元素的作用

植物对各种营养元素的需求量不同，但各种营养元素在植物的生命代谢中各自有不同的生理功能，相互间是同等重要和不可代替的。因此，了解各种必需营养元素的生理功能对于科学施肥、实现优质高产具有重要的意义。

1. 大量营养元素

（1）碳、氢、氧。大量营养元素中，碳、氢、氧三种元素在植物体内含量最多，占植物体干物重的 90% 以上，是植物有机体的主要组成。碳、氢、氧可以形成多种多样的糖类，如纤维素、半纤维素和果胶质等，这些是细胞壁的组成物质，而细胞壁是支撑植物体的骨架；它们还可以形成植物体代谢活动必需的活性物质，如维生素和植物激素等。此外，由碳、氢、氧形成的糖类不仅是植物的永久骨架，也是作物临时储藏的食物，并参与体内的物质代谢活动。因此，糖类是植物营养的核心物质。由于碳、氢、氧主要来自空气中的二氧化碳和水，一般不考虑肥料的施用问题，并将其放在一起进行讨论。但塑料大棚和温室要考虑施用二氧化碳肥，但需注意二氧化碳的浓度应控制在 0.1% 以下。温室中提高二氧化碳浓度可采用液化二氧化碳或固体二氧化碳，燃烧天然气、石蜡等碳氢化合物的方法来补充。氢元素主要由水分来提供，但是应注意不适宜的氢离子浓度会影响植物的生长发育。例如，氢离子浓度（酸碱度）会影响环境中营养元素的有效性，可使有毒物质的浓度增加等，从而影响根系对营养元素及有毒元素的吸收。氧是植物体内有氧呼吸所必需的，而呼吸作用与植物体内物质的合成、转化都有密切的关系。环境的供氧状况会影响作物对养分的吸收。综上可知，碳、氢、氧不仅是构成植物基本骨架的元素，而且还是植物体内各种物质的分子骨架和高级结构的组成元素，同时还有着许多特殊的功能。

（2）氮。氮是植物体内许多重要有机化合物的组成成分，在所有的必需营养元素中，氮是限制植物生长和产量的首要因素。它对改善农产品品质也有明显的作用。植物体内含氮化合物，例如蛋白质、叶绿素、酶、维生素等，在多方面影响着植物的代谢过程和生长发育。氮还是植物遗传物质的基础。蛋白质是构成细胞原生质的基础物质，细胞的增长和分裂以及新细胞的形成都必须有蛋白质的参与。如果没有氮，就没有蛋白质，也就没有了生命，所以氮被称为生命元素。因此，合理使用氮肥是作物获得高产的有效措施。

当作物缺氮时，由于蛋白质合成受阻，叶绿体结构遭破坏，导致叶绿素合成减少而使叶片发黄，导致植物生长过程延缓。植株不同生育时期缺氮的症状表现不同：苗期缺氮，作物矮小、瘦弱，叶片薄而小。禾本科作物苗期缺氮表现为分蘖少，茎秆细长；双子叶作物则表现为分枝少。作物生长后期缺氮，禾本科作物表现为穗短小，穗粒数少，籽粒不饱满，且易出现早衰而导致产量下降。由于氮在植物体内可以进行再转移利用，作物缺氮的显著特征是植株下部叶片先变黄，然后逐渐向上部叶片扩展。作物缺氮不仅影响产量，还会降低产品品质，所以必须供应充足的氮使植物叶片和茎加快生长，同时必须配施适量的磷、钾等其他必需元素，否则起不到增产的效果。据调查，我国农田尤其是东南经济发达地区普遍存在氮肥施用过量的现象。如果在作物整个生长季节中施入过多的氮，那么作物会贪青晚熟。大量供应氮肥，过量的氮会与过多的糖类形成蛋白质，剩下的糖类用作构成细胞壁的原料，致使作物细胞壁变薄，组织柔弱，造成茎叶徒长，茎蔓过粗，叶片过大而薄，脆且易折，易感病虫害和遭受冻害，且易倒伏，从而导致作物产量减少和品质下降。大量施用氮肥还会提高植物体内硝酸盐的含量，蔬菜腐烂现象突出，而硝酸盐过多会对人类健康产生威胁。

（3）磷。磷是植物体内许多有机化合物的组成成分，又以多种方式参与植物体内的各种代谢过程。磷是核酸的主要组成部分，核酸存在于细胞核和原生质中，对于植物生长发育和代谢过程都极为重要，是细胞分裂和根系生长不可缺少的。磷是磷脂的组成元素，是生物膜的重要组成部分。植物体内还有其他重要含磷化合物，如腺嘌呤核苷三磷酸（ATP），各种脱氢酶、转氨酶等。磷还积极参与植物体内各种代谢活动，如糖类、脂肪和氮的代谢。磷具有提高植物的抗逆性和适应外界环境条件的能力。磷能增加原生质的黏度和弹性，从而增强原生质抵抗脱水的能力。磷还能提高作物体内可溶性糖和磷脂的含量，而可溶性糖能使细胞原生质的冰点降低，磷脂则能增强细胞对温度变化的适应性，从而增强作物的抗寒能力。因此，越冬作物增施磷肥，可减轻冻害，安全越冬。

当作物缺磷时，生长缓慢，植株矮小，分枝或分蘖减少。缺磷初期，由于细胞伸长受影响的程度超过叶绿素所受的影响，单位叶面积的叶绿素含量升高，因此叶片常呈暗绿色；同时，叶片光合作用效率下降，作物结实状况较差。果树缺磷，花芽出生率低，开花和发育慢且弱，果实质量差；叶片常呈褐色，易过早落果。使用磷肥过量时，由于植物呼吸作用过强，消耗大量糖分和能量，因此会产生不良影响。过量施用磷肥，作物从土壤中吸收过多磷会使呼吸作用过于旺盛，消耗的干物质大于积累的干物质，使繁殖器官加速成熟，引起作物过早成熟，营养体小，籽粒小，产量低。磷肥过量还会出现叶菜类蔬菜纤维素含量增加，烟草类作物燃烧性差等品质下降的情况。过量施用磷肥会诱发土壤缺锌、锰、硅和钼等元素，使植物出现相应的缺素症状。由于磷肥主要来源于磷矿石，磷矿石中含有许多杂质，其中包括镉、铅、氟等有害元素，所以过量施磷易造成土壤中有害元素积累。其中，施用磷肥会引起土壤中镉含量的增加，磷肥中的镉有效性较高，易被作物吸收，会对人畜造成危害。此外，过量施磷会造成土壤理化性质恶化。过磷酸钙含有大量的游离酸，连续大量施用，会造成土壤酸化；钙镁磷肥含有25%～30%的石灰，大量施用会使土壤碱性加重和理化性质恶化。

（4）钾。钾是肥料三要素之一，在植物体内的含量仅次于氮，主要以离子状态存在于植物细胞液中。钾具有提高作物产品品质和适应外界不良环境的能力，因此它有品质元素和抗逆元素之称。钾能促进植物的光合作用，提高二氧化碳的同化率，因为钾能促进叶绿素的合成，并改善叶绿体的结构，同时促进叶片对二氧化碳的同化。钾还能促进光合作用产物向储藏器官运输，增加"库"的储存量。钾通过对植物体内酶的活化，从多方面影响氮的代谢，提高氮的吸收和利用。

钾可以调节细胞的渗透压，有利于植物经济用水。钾离子是植物体内合成酶、氧化还原酶等多种酶的活化剂，因此供钾水平能明显影响碳和氮的代谢作用。钾能增强作物的抗旱、抗高温、抗寒、抗病、抗盐、抗倒伏等能力。例如，细胞中钾离子浓度增加可以提高细胞的渗透势，防止细胞或植物组织脱水，渗透势的增强将有利于细胞从外界吸收水分；此外，供钾充足时，植物叶片气孔的开闭可以随着植物生理需要进行调节，减少蒸腾作用，从而提高植物的抗旱能力。钾还可以改善作物品质，如提高农产品的营养成分、延长产品的储存期等，特别是对于叶菜类蔬菜和水果，钾能使其产品呈现更好的外观。

由于钾在植物体内的流动性很强，可以从成熟叶和茎中向幼嫩组织进行再分配，当作物生长早期缺钾时，不易观察到症状，缺钾症状一般在生长发育的中后期才表现出来。缺钾严重时，先在植株下部老叶出现失绿并逐渐坏死，叶片暗绿无光。植物缺钾时，根系生长明显停滞，细根和根毛生长差，易出现根腐病。缺钾植株还会出现易倒伏、高温易萎蔫等症状。同时也应该指出，过量施用钾肥会破坏土壤养分平衡而造成作物品质下降。例如，苹果的果肉绵而不脆，耐储性下降；柑橘果皮变厚、粗糙，糖分和水分减少，纤维素含量增加，品质下降。

2. 中量营养元素

（1）钙。钙在植物体内的含量为 $0.1\% \sim 0.5\%$，不同植物种类、部位和器官的含钙量有较大差异。生物膜表面的磷酸盐、磷酸酯通过钙与蛋白质的羧基桥接起来，因此，钙能稳定生物膜，保持细胞的完整性。钙可以使植物细胞壁更加稳固。植物体内绝大部分钙存在于果胶中，果胶是植物细胞壁的重要组成部分，它对维持果实硬度、增强果实耐储性具有重要的作用。钙可以促进植物细胞的伸长和根系生长，在植物离子选择性吸收、生长、衰老、信息传递以及植物抗逆性方面均有重要作用。钙能结合在钙调蛋白上，对植物体内许多关键酶起活化作用，并对细胞代谢有调节作用。钙具有调节渗透和酶促作用。

缺钙时植物生长受阻，节间较短，较正常生长植株矮小，组织柔软；植株的顶芽、侧芽、根尖等分生组织首先出现缺钙症状，易腐烂死亡，幼叶卷曲畸形，叶缘开始变黄并逐渐坏死。钙在植物体内不易流动，老叶中含钙比幼叶多。有时，叶片虽不缺钙，但果实已表现缺钙，例如苹果苦痘病、苹果水心病、梨黑心病、桃顶腐病以及樱桃裂果等都与果实中钙不足有关。缺钙还会降低细胞壁的硬度，从而降低细胞对真菌病害的抵抗力，导致裂果。而过量施用钙肥会诱发农作物锌、硼、铁、镁、锰等微量元素的缺乏，并造成土壤板结。

（2）镁。镁是叶绿素的主要成分之一，在叶绿素的合成和光合作用中起重要作用。镁是植物体内多种酶的活化剂，能促进作物的生长发育。镁参与脂肪、蛋白质、DNA 和 RNA 等的生物合成和氮的代谢。镁还能促进类胡萝卜素和维生素 C 的合成，提高蔬菜和水果的品质。

植物缺镁时，突出的表现是叶绿素含量下降，且由于镁在韧皮部的移动性较强，失绿症状首先出现在老叶上，然后逐渐发展到新叶。缺镁的失绿症状，始于叶尖和叶缘的脉间色泽变淡，由淡绿变黄再变紫，随后向叶基部和中央扩展，但叶脉仍保持绿色，在叶片上形成清晰的网状脉纹，严重时叶片枯萎、脱落。镁的供应状况受土壤质地类型、其他养分离子的种类和含量等的影响。例如，沙质土壤由于镁含量较低，且淋失严重，容易缺镁；酸性土壤除了镁淋失外，高浓度的氢离子和铝离子对镁产生的拮抗作用，也是导致其缺镁的原因之一；土壤中高浓度的钾离子和铵根离子对镁也有很强的拮抗作用，会影响作物对镁的吸收。相对应地，如果施入镁元素过量，镁也将对其他的营养元素产生拮抗作用，抑制另一种或多种营养元素的吸收，如钙、钾等营养元素的吸收。其次，过量施用镁肥，增加了土壤溶液中离子的浓度，使作物根系吸水困难，造成地上部萎蔫，植株枯死。另外，大量施入镁肥，影响农产品品质，尤其是在作物生长中后期，镁吸收过量会使植株器官含糖量降低，不耐储藏，降低农作物的经济效益。

（3）硫。硫在生理功能和生化作用上与氮相似，是继氮、磷、钾之后第四位植物必需的营养元素，其对植物生命活动起到非常重要的作用。硫是蛋白质、氨基酸的组成成分，是酶化反应的必需元素，也是植物结构的组分元素。B 族维生素分子中的硫对促进作物根系的生长有良好的作用。硫还参与作物体内的氧化还原作用，对叶绿素的形成具有很重要的作用。硫能促进豆科作物形成根瘤，参与固氮酶的形成；硫与影响植物抗寒性和抗旱性的蛋白质结构有关，能增加某些作物的抗寒性和抗旱性；硫能提高氨基酸、蛋白质含量，进而提升农产品品质。此外，硫还是许多挥发性化合物的结构成分，这些成分使蒙古韭、大葱、大蒜等植物具有特殊的气味。

一般认为，当植物的干物质中硫含量低于0.2%时，植物便会出现缺硫症状。缺硫时蛋白质合成受阻导致失绿症，其外观症状与缺氮很相似，但发生部位有所不同。由于硫在植物体内移动性小，缺硫症状常表现在植物顶部幼叶，而缺氮症状则先出现于老叶。缺硫时幼芽先变黄色，心叶失绿黄化，茎细弱，根细长而不分枝，开花结实推迟，果实减少。缺硫的症状因作物不同而有很大的差异。例如，小麦缺硫时，新叶脉间黄化，但老叶仍保持绿色；玉米早期缺硫时，新叶和上部叶片脉间黄化，后期继续缺硫时，叶缘变红，然后扩展到整个叶面，茎基部也变红。由于连年重茬种植、少施或不施含硫肥料、土壤有机质含量低、硫流失等因素，导致土壤中硫含量逐年减少，从而发生缺硫现象。针对这些情况，需要根据作物需硫量与土壤缺硫量确定硫的施入量。但是，硫过量时，也会造成作物减产和品质下降等，同时硫也是土壤、水体和大气环境的重要污染物，对人和动物有害。长期施用硫肥，导致土壤变酸、板结、结构破坏。

3. 微量营养元素

（1）铁。铁在植物体内是一些酶的组成成分，处于一些重要氧化还原酶的活性部位，起着电子传递的作用。铁有利于叶绿素的形成，铁虽不是叶绿素的成分，但是在叶绿素的形成中是不可缺少的条件。铁可以促进氮代谢正常进行，铁是作物体内多种氧化酶、铁氧还蛋白和固氮酶的组成成分。铁是植物有氧呼吸酶的重要组成物质，所以铁参与呼吸作用，是植物能量代谢的重要物质，缺铁影响植物生理活性，也影响养分吸收。铁能增强植株抗病性。有研究显示，用氯化铁溶液对冬黑麦进行春化处理，提高了冬黑麦对锈病的抗性；施铁肥使大麦和燕麦对黑穗病的感染率降低，增强柠檬对真菌病的抗性。

铁是植物体内最不容易转移的元素之一，所以缺铁首先表现在嫩叶缺绿，而老叶正常。典型的症状是在叶片的叶脉间和细胞网状组织中出现失绿现象，在叶片上明显可见叶脉深绿而脉间黄化。严重缺铁时，叶片上出现坏死斑点，叶片逐渐枯死。出现失绿症状必然会影响到植物光合作用和糖类的形成，有些树木缺铁严重时，会发生顶枯，甚至死亡。缺铁时，硝酸还原酶和亚硝酸还原酶的活性降低，影响蛋白质和氮的合成与代谢；根瘤固氮能力减弱，并且限制了植株对氮、磷的利用。石灰性土壤和盐碱土由于土壤酸碱度过高使铁转化为高价铁，降低了铁的有效性，容易出现缺铁现象。此外，土壤有机质含量低的沙土或土壤中，磷、锰、锌含量过高也可能引起缺铁。作物补铁，一般采用叶面施肥的方式，但铁肥不可施用过量，过量会造成铁中毒。在排水不良的土壤和长期渍水的水稻土，作物经常发生亚铁中毒现象，表现为老叶上有褐色斑点，根部呈灰黑色、易腐烂，这是水稻低产的重要原因之一。适量施用石灰、合理灌溉或适时排水晒田等可以防治水稻土的水稻亚铁中毒。

（2）硼。硼与植物体内其他的微量必需营养元素不同，它不是酶的组成成分，不参与电子传递，也不参与氧化还原作用，它在植物代谢中最重要的作用是促进糖类的运输，使糖类顺利运转。植物体内适宜的含硼量，能改善作物各器官的有机物供应，使作物生长正常，提高结实率和坐果率。硼是细胞壁的成分，在细胞壁上通过与果胶结合影响细胞壁结构，硼、钙共同维持细胞壁的稳定性。硼能促进细胞伸长和组织分化，因为硼对于生长素的合成有着重要影响。硼对受精过程也有特殊作用，能刺激花粉的萌发和花粉管的伸长，使授粉能顺利进行。硼能增强作物的抗旱、抗病能力。硼在作物体内有控制水分的作用，能提高向日葵、荞麦等作物原生质的黏滞性，增强胶体结合水分的能力。施硼能促进维生素C形成，维生素C的增加可提高作物的抗逆性。此外，硼还可以提高豆科作物根瘤菌的固氮能力；硼对加速植物发育、促进早熟和改善品质也有十分重要的作用。

当作物缺硼时，就会造成叶片内淀粉等糖类的大量积累，不能运送到种子和其他部位中，从而影响作物产量。缺硼影响植物代谢活动旺盛的组织和器官，尤其是近尖端的细胞和分生组织细胞。例如，在缺硼条件下，主根和侧根的伸长受到抑制或停滞，根系呈粗短丛枝状；顶端生长点生长不正常或停止生长；幼叶畸形，叶和茎变脆，有时有失绿叶斑或坏死斑，出现木栓化现象；花粉发育异常，引起落花、不实和种子不稔等现象，使果实发育不能正常进行。此外，缺硼还可能有一些特殊的症状，如油菜花而不实、甜菜心腐病等，且植物在生殖生长阶段的缺硼症状较营养生长阶段更为明显。然而，高浓度的硼对植物存在毒害作用。高硼对作物的毒害主要表现在叶片上。研究发现，绿豆受硼毒害后，叶缘失绿，迅速扩展到侧脉间，叶子呈枯萎状并过早脱落。硼施用过量会影响作物产量，随着硼含量的增加，蔬菜株高受抑制的程度加大，株高变小，地上部分的鲜重减小。这是由于作物体内高硼胁迫影响了某些酶的活性，导致活性氧水平提高，以及影响某些蛋白质合成等。

（3）锰。锰是植物维持正常生命活动所必需的微量元素之一，参与植物光合作用是锰在植物体内最重要的生理功能。锰不但是叶绿体结构的必要组成成分，而且还直接参与光合作用中的光合放氧过程。锰参与植物体许多酶系统的活动，但与其他微量元素不同，锰主要是酶的活化剂而不是酶的成分。锰也是植物体内一个重要的氧化还原剂，通过氧化还原调节细胞中亚铁离子浓度以及细胞中维生素 C 和谷胱甘肽的氧化还原状态。锰能促进种子萌发和幼苗早期生长，因为它对生长素促进胚芽鞘伸长的效应有刺激作用。锰供应充分能提高结实率，对幼龄果树提早结果有良好的作用。此外，锰对维生素 C 的形成以及加强茎的机械组织等都有良好的作用。

植物缺锰时，通常表现为叶片失绿并出现杂色斑点，而叶脉仍保持绿色。典型的缺锰症有燕麦的灰斑病、豆类（如菜豆、蚕豆、豌豆等）的沼泽斑点病、甘蔗的白皮症、甜菜的黄斑病、菠菜的黄病、薄壳山核桃的鼠耳病等。燕麦对缺锰最为敏感，因此常作为缺锰的指示作物。锰作为羟胺还原酶的组成成分，参与了硝酸还原过程。缺锰时，硝态氮的还原受阻，植物体内则有硝酸盐积累。然而，近年来由于锰矿的开采和大量尾矿渣的排放，导致土壤中可溶性锰含量过高。土壤中过量的锰不仅降低植物生产力、影响产量和品质，还能够通过食物链影响人类身体健康。过量的锰可抑制铁和镁等元素的吸收及活性，并可破坏叶绿体结构，导致叶绿素合成下降及光合速率降低。植物锰中毒能够引起叶片萎蔫坏死、叶片厚度减小、节间缩短和生物量降低。

（4）铜。铜在植物体内的功能是多方面的。它是多种酶的组成成分，与碳的同化、氮的代谢以及氧化还原过程等均有密切关系。铜影响植物的光合作用，叶片中的铜几乎全部存在于叶绿体内，对叶绿素起着稳定作用，以防止叶绿体遭受破坏。铜能促进蔗糖等糖类向茎秆和生殖器官的移动，从而促进植株的生长发育。铜有利于花粉发芽和花粉管的伸长。铜与铁一样能提高亚硝酸还原酶的活性，加速这些还原过程，为蛋白质的合成提供较好的物质条件。铜能提高作物的抗寒能力。例如，铜可以提高冬小麦的耐寒性，而且能增强茎秆的机械强度，起到抗倒伏的作用。铜能提高植株的总水量和束缚水含量，降低植物的萎蔫系数。因此，铜元素充足有利于提高植株的抗旱性。铜能增强植株抗病能力，铜对许多植物的多种真菌性和细菌性疾病均有明显的防治效果。在果树上，使用含硫酸铜的波尔多液来防治作物的多种病害，已成为普遍采用的植保措施之一。研究表明，马铃薯施用铜肥，不仅可提高整个生长发育期包括块茎形成期以及储存期对晚疫病的抗性，而且能减轻疮痂病等细菌性病害及粉痂病、丝核菌病的感染，甚至在施铜后第二年仍有作用。如果连续施用两年铜肥，其块茎经储藏后，细菌性软腐病可得到彻底根除。另外，施用铜肥可使菜豆炭疽病、番茄褐斑病以及亚麻的立枯病、炭疽病和细菌性病的感染率显著降低。

当植物体内铜的含量小于 4 毫克/千克时，就有可能缺铜。因为麦类作物对铜最为敏感，所以它们最容易出现缺铜症状。禾本科作物缺铜表现为植株丛生，顶端逐渐变白，症状通常从叶尖开始，严重时不抽穗，或穗萎缩变形，结实率降低，或籽粒不饱满，甚至不结实。果树缺铜，顶梢上的叶片呈簇状，叶和果实均褪色，严重时顶梢枯死，并逐渐向下扩展。同禾本科作物类似，果树在开花结果的生殖生长阶段对缺铜更加敏感。缺铜常有一个明显的特征，即某些作物的花发生褪色现象，如蚕豆缺铜时，花的颜色由原来的深红褐色变为白色。然而，当作物吸收过量铜时，可能会引起中毒。铜中毒的症状是新叶失绿，老叶坏死，叶柄和叶的背面出现紫红色。从外部特征看，铜中毒很像缺铁。植物对铜的忍耐能力有限，铜过量很容易引起毒害。例如，玉米虽是对铜敏感的作物，但铜过多时也易发生中毒现象。此外，菜豆、苜蓿、柑橘等对大量铜的忍耐力都较弱。铜对植物的毒害首先表现在根部，因为植物体内过多的铜主要集中在根部，具体表现为主根的伸长受阻，侧根变短。许多研究人员认为，过量铜对细胞膜结构有损害，从而导致根内大量物质外溢。

（5）锌。锌是植物体内某些酶的组分或活化剂，例如乙醇脱氢酶、铜锌超氧化物歧化酶和 RNA 聚合酶等必须有锌的参与才能发挥其正常的生理功能。锌的另外一个重要功能是参与生长素的代谢，可以间接影响生长素的形成。锌是碳酸酐酶的专性活化离子，而碳酸酐酶可以催化光合作用过程中二氧化碳和水合成碳酸，因此锌能对光合作用和糖类代谢产生影响。锌是蛋白质合成过程中多种酶的组成成分，因此锌与蛋白质代谢有密切关系，缺锌使蛋白质合成受阻。在几种必需的微量元素中，锌是对蛋白质合成影响最大的元素。锌对植物生长发育也有一定影响，首先表现在种子萌发方面，锌可以提高种子的发芽率。其次，锌对植物营养器官发育有影响，突出表现在对缺锌敏感的玉米上：缺锌玉米的株高和茎叶干物重均显著降低；缺锌对玉米根的抑制作用远比对茎叶的抑制作用小，因此促使根冠比增大。锌可增强植物对不良环境的抵抗力，主要体现在它能增强植物在逆境条件下细胞膜系统的稳定性。此外，锌还能提高植物抵抗低温或霜冻的能力，有助于冬小麦抵御霜冻侵害、安全越冬。

缺锌时，植物体内的生长素含量有所降低，生长发育出现停滞状态，茎节缩短，植株矮小；叶片扩展伸长受到阻滞，形成小叶，并呈簇状，叶脉间出现淡绿色、黄色或白色锈斑，特别在老叶上。在田间，可见植物高低不齐，成熟期推迟，果实发育不良。锌虽是植物生长必需的营养元素，但超过一定浓度，大部分植物易受毒害而生长受阻。

（6）钼。钼的营养作用突出表现在氮代谢方面。钼是硝酸还原酶和固氮酶的成分，这两种酶是氮代谢过程中不可缺少的。钼的另一个重要功能是参与根瘤菌的固氮作用。根瘤菌固氮需要固氮酶的参与，固氮酶由钼铁氧还蛋白和铁氧还蛋白组成，只有两者结合才具有固氮能力。钼能促进植物体内有机磷化合物的形成。钼酸盐能影响正磷酸盐和焦磷酸酯类化合物的水解作用，以及植物体内有机磷和无机磷的比例。缺钼时，磷酸酶的活性提高，使磷酸酯水解，不利于无机磷向有机磷的转化。钼能促进生殖器官的建立，缺钼使花粉形成受损害，降低花粉中钼的浓度以及花粉的生产力和活力。钼可以提高植物对逆境的抗性，如给处于低温胁迫的植物施钼，会使其光化学和光合能力增加、抗寒性提高等。

植物缺钼的共同特征是植株矮小，生长缓慢，叶片失绿，且有大小不一的黄色或橙黄色斑点，严重缺钼时叶缘萎蔫，有时叶片扭曲呈杯状，老叶变厚、焦枯，以致死亡。缺钼症状一般开始出现在中间和较老的叶子，以后向幼叶发展。玉米缺钼时，植株抽雄延迟，花的数目减少，大部分花不能开放，花粉生产力降低，花粉活力显著受到抑制，花粉中蔗糖酶活性很低，萌发能力差。缺钼时，硝酸盐的还原受阻，氮的同化力下降，植物体内硝酸盐的积累导致大部分氨基酸和蛋白质的数量明显减少；缺钼使植物叶绿素含量显著减少，叶绿体结构受到破坏，光合作用强度大大降低，还原糖的含量减少等。植物耐钼的能力很强，在极端条件下，植物钼中毒将产生褪绿和黄化现象，可能与铁代谢受阻有关。然而，植物在大田条件下钼中毒的情况极少。

（7）氯。氯在必需微量元素中是需求量最多的一个，一般认为植物对氯的平均需求量为 0.1%。氯作为锰的辅助因子参与光合作用中水的光解反应。氯在气孔调节中起着重要作用，因为气孔的开启和关闭受钾离子及其陪伴阴离子如氯离子的调节。氯离子在钾离子快速流动期间作为反离子而起作用，因而成为在保卫细胞渗透膨胀时产生膨压的原因之一。氯对酶的活性有显著的影响。研究表明，氯有提高淀粉酶活性的作用，还可激活以谷氨酰胺为底物的天门冬酰胺合成酶的活性。另外，氯能提高作物的抗逆性。例如，氯能降低小麦全蚀病的发病率，可能是因为氯离子限制了根系对硝酸根离子的吸收，而促进作物吸收更多的铵根离子来满足植物对氮的需求，降低了根际酸碱度而不利病原菌的滋生。氯还能减少马铃薯的空心病和褐心病、冬小麦的条锈病、油棕和椰子根腐病以及玉米茎腐病的发生。

当作物轻度缺氯时表现为生长不良，而严重缺氯时则表现为叶片失绿、凋萎。缺氯植株的叶和根中，除了细胞分裂受影响外，细胞伸长受阻更明显。缺氯植物的根中，常表现为顶部附近膨大、侧根增加，呈粗短密集的形状。例如，番茄缺氯时，首先在叶尖端发生凋萎，接着叶片失绿，进一步变为青铜色并发展到坏死，由局部遍及全叶，最后植株不能结实；甜菜缺氯时，叶片发生脉间失绿且呈斑点镶嵌状，同时根也受害。大田中很少发现作物缺氯的现象，而氯过多却是生产中的一个问题。作物氯中毒时，叶缘似烧伤，早熟性发黄以及叶片脱落。氯含量过高会造成土壤中的盐分含量过高，影响根系正常吸收水分、养分，尤其是旱地土壤，从而导致烧根、烧苗。土壤氯含量高会造成土壤酸化，这时土壤中铝和锰等元素活性提高，对作物造成毒害。氯离子过量会使土壤渗透势增加，影响其他养分离子如硝酸根离子和硫酸根离子等的吸收，导致作物养分缺乏及不平衡。作物吸收过量的氯会严重影响生长发育过程，如发芽率降低、生长受抑制、叶绿素含量降低、生长点坏死、落叶、落果等。植物体内氯含量过高会降低产品品质。因为氯离子较多时，不利于糖转化为淀粉，块根、块茎类作物的淀粉含量降低，品质变差。氯离子还能促进糖类水解，西瓜、甜菜、葡萄等作物含糖量降低，而酸度增加；烟草氯离子含量高，会影响烟草的燃烧性，易熄火。

（8）镍。植物体内的镍含量一般在 0.05～10 毫克/千克范围内，平均为 1.10 毫克/千克。低浓度的镍能刺激许多植物的种子发芽和幼苗生长，例如小麦、豌豆、蓖麻、白羽扇豆、大豆、水稻等。镍是脲酶的组成元素，没有镍元素，尿素转化是不可能完成的。不仅土壤中尿素肥料的分解需要含镍的脲酶，植物体以尿素为氮源时也需要含镍的脲酶。如果土壤施用尿素过多而镍不足时，脲酶活性降低，导致植株体内尿素过量累积，从而导致叶片异常甚至坏死。即使高等植物不以尿素为氮源，代谢过程中体内也可能累积尿素，因此也需要适量的镍，以促使尿素分解。此外，镍还可能参与固氮作用和保护硝酸还原酶的作用。镍还能够防治某些植物病害，例如，低浓度的镍可以提高紫花苜蓿叶片中过氧化物酶和抗坏血酸氧化酶的活性，达到促进微生物分泌的毒素降解和增强作物的抗病能力。植物对于镍元素的需求量不大，因此在实际的植物种植中，没有出现非常明显的缺镍症状。

4. 有益元素和有害元素

有益元素不是植物生长发育所必需的，但是对植物的生长有良好的刺激或促进作用。目前，研究较多的有益元素主要有钠、硅、钴和硒等。例如，钠对大多数植物都有一定的危害，然而适量的钠对盐生植物和喜钠植物又能起到有益的影响。硅对禾本科植物和藻类的生长有利，能增加产量。由于植物的秸秆中含有硅，大多数土壤不缺硅，通常不需要施用硅肥。此外，钴对豆科植物固氮，铝对茶树的生长等有一定的刺激作用。

需要注意的是，所有的元素包括必需元素和有益元素，当在土壤中超过一定含量时会对作物产生危害，变成有害元素。同时，施肥时会给土壤带入一些重金属元素，如铅、汞、镉、锌等，如果含量超过一定程度时，将对作物起毒害作用，甚至通过食物链进入人体，危害人体健康。

二、作物水肥需求关键时期

作物生长的 4 个肥力因素是水分、肥料、热量和气体，大田作物中热量来源于太阳光,气体来自大气,只有水分和肥料需要人为因素的参与。因此,想要最大限度地节省人力、物力,并得到较高的产量,必须掌握不同作物在整个生育期内对水分和肥料需求的几个关键时期,即作物水分和营养关键期。

(一)作物需水关键期

作物生长发育过程中,各时期都需要有水分供应,满足各时期的水分供应才能获得高产。掌握作物需水规律,是搞好水分管理的重要依据。一般来说,农作物需水规律是苗期少,中期多,后期少。作物对水分需求有两个重要的时期:水分临界期和水分关键期。

水分临界期是指植物在生命周期中,对水分最敏感、最易受害的时期,即水分过多或缺乏对产量影响最大的时期。在水分临界期内细胞原生质的黏度和弹性剧烈降低,新陈代谢增强,生长速度变快,需水量增加,作物忍受和抵抗干旱的能力大大减弱。如果这时缺水,新陈代谢不能顺利进行,生长受到抑制,作物显著减产。一般作物的水分临界期与花芽分化的旺盛时期相联系,如小麦是孕穗至抽穗期,玉米是开花至乳熟期。另外,不同作物品种的临界期不同,临界期越短的作物,适应不良水分条件的能力越强,而临界期越长,则适应能力越差。根据各种作物水分临界期不同的特点,可以合理选择作物种类和种植比例,使灌溉用水不致过分集中。在干旱缺水时,应优先灌溉处于水分临界期的作物,以充分发挥水的增产作用,收到更大的经济效益。作物水分临界期也是灌溉工程规划设计和制定合理用水计划的重要依据。

水分关键期是指在水分临界期或对水分也相当敏感的另一个时期,正好遇上当地降水条件经常不足,这一时期即当地水分条件影响产量的关键时期,称为作物的水分关键期,与作物的水分临界期可能一致也可能不一致。例如,在我国北方旱地玉米春播期间的降水往往对于其出苗率和产量有极大影响,可以认为春播期间是一个玉米的水分关键期,但这时的需水量并不大,敏感程度也不如开花期,并不是水分临界期。作物水分关键期综合考虑了作物的特性和当地的农业气象条件,在生产上很实用。

（二）作物需肥关键期

一般来说，作物的需肥规律为前期（苗期）少，中期（器官形成期）多，后期（器官成熟期）少，整个生育期对营养元素的需求表现为"少—多—少"的规律，呈 S 形曲线。作物施肥有两个关键时期，一个是作物营养临界期，另一个是作物营养最大效率期。在这两个阶段内，必须根据作物本身的营养特点，满足作物养分状况的要求，同时还必须要注意作物吸收养分的连续性，才能合理地满足作物的营养要求。

作物营养临界期是指某种养分缺乏、过多或比例不当对作物生长影响最大的时期。在临界期，作物对某种养分需求的绝对数量虽然不多，但是很迫切，若此时因该养分缺乏、过多或比例不当而受到损失，即使以后补施该养分也很难弥补。不同作物的营养临界期不完全相同，但大多出现在生育前期。大多数作物的磷营养临界期都在幼苗期，或种子营养向土壤营养的转折期，如棉花在出苗后 10～20 天，玉米在出苗后一周左右（三叶期），冬小麦在分蘖初期。作物氮营养临界期则常比磷稍向后移，通常在营养生长转向生殖生长的时期，如冬小麦在分蘖和幼穗分化期，水稻在三叶期和幼穗分化期，棉花在现蕾初期，玉米在幼穗分化期。因此，保证作物苗期的氮磷营养是获取高产的关键措施之一。

作物营养最大效率期是指营养物质在植物生育期中能产生最大效率的一段时间。这一时期通常也是作物生长最旺盛、吸收养分能力最强并形成产量的时期，是作物获得高产的关键时期。作物营养最大效率期往往在作物生长的中期，此时作物生长旺盛，从外部形态上看，生长迅速，作物对施肥的反应最为明显。例如，玉米氮的最大效率期在大喇叭口期到抽雄初期，小麦在拔节到抽穗期，棉花在开花结铃期，甘薯在生长初期，苹果在花芽分化期，大白菜在结球期，甘蓝在莲座期。

三、作物虫、病、草害防治特点

农药如何作用于有害生物，在什么样的条件下才能最有效地控制病、虫和杂草的危害，与有害生物的生存状态、繁育条件等都有密切的关系，因此了解虫害、病害和杂草的生物学特性对于农药的合理应用和病虫草害的科学防治有着重要指导意义。

（一）害虫

昆虫是变态动物，从卵到成虫需要经过几个阶段的形态变化。昆虫变态的各阶段对农药的敏感程度不同。一般来说，昆虫的卵和蛹两个阶段对农药不敏感，幼虫和成虫最容易被毒杀。其中，幼虫对农药最为敏感，农药防治效果最好。

（二）病原菌

植物病原菌是一类微生物，从病原菌对农作物发生危害的历程来看，各种病原菌入侵的部位和扩展方式不同。

土传病害是由土壤传播的病原菌引起的。对于这一类病害，在作物叶片或茎秆上喷药都不起作用，只有对土壤施药、热力消毒等方法才有效，其消耗的农药数量和热力是比较高的，农药应用不当很容易导致农药残留和药害。

种传病害有几种情况，一种是种子表面带菌，可以通过药剂拌种有效防治；另一种是病原菌以菌丝形态在种子内潜伏，也可以通过种子处理和浸种有效防治。有些病害除种子带菌外，土壤中病残组织也带菌，因此要根据病害发生的实际情况，除种子处理外进行必要的植株喷药防治。

叶部侵染的病害大多可采用叶面喷药进行化学防治。常用的杀菌剂有保护性杀菌剂、杀伤性杀菌剂、内吸性杀菌剂，因此要根据病害侵染和扩展特点采取适当的方式防治。

（三）杂草

除草剂的使用比杀虫剂和杀菌剂的使用更为复杂，杂草的分类和生物学习性不同，所应用的除草剂不同，不同生长阶段的杂草对农药的敏感性也不同，同时还要注意除草剂对非目标作物的毒害问题。

激素型除草剂几乎在杂草生长的各个阶段都能发生作用。例如，麦草畏等能从杂草的茎、叶、根各个部位被吸收。所以这类除草剂可以叶面喷洒，同时药剂从根部被吸收也会使植物中毒死亡。

有些除草剂如莠去津在植物茎叶部位很难被吸收，而主要由杂草根部吸收，因此这类除草剂须以土壤处理用药的方式，在播种后芽前土壤喷药处理。另外，除草剂的使用效果还受到土壤性质的影响，黏土对许多除草剂有较强的吸附性，有些除草剂如百草枯入土后快速钝化失去作用，有些除草剂如氟乐灵则必须施入土壤，因为这种除草剂见光容易分解，有些除草剂在幼芽期容易吸收，有些除草剂则在1~2叶期容易吸收。除草剂的作用特点和方式十分复杂，因此必须了解和把握各种除草剂的特点和性能才能达到最好的除草效果。

四、水肥一体化技术的优缺点

由于我国劳动力短缺、水资源不足、肥料滥施对水体和土壤等环境污染严重，而水肥一体化技术可以节省劳动力、提高水肥利用效率、减少肥料对环境的污染，因此，近年来国家出台了多个文件支持水肥一体化技术的应用推广。

（一）水肥一体化的基本概念

广义的水肥一体化是指根据作物需求，对农田水分和养分进行综合调控和一体化管理，以水促肥、以肥调水，实现水肥耦合，全面提升农田水肥利用效率。

狭义的水肥一体化是指灌溉施肥，即将肥料溶解在水中，借助管道灌溉系统，灌溉与施肥同时进行，适时适量地满足作物对水分和养分的需求，实现水肥一体化管理和高效利用。在这个过程中，农民可以通过观察农作物的生长动态，合理控制肥料含量，并确定灌溉时间；也可以根据土壤的不同情况，在浇灌之前，检测土壤中的元素含量，进行针对性施肥，从而提高肥料的利用率。

与传统模式相比，水肥一体化实现了水肥管理的革命性转变，即渠道输水向管道输水转变、浇地向浇庄稼转变、土壤施肥向作物施肥转变、水肥分开向水肥一体转变。

(二) 水肥一体化的优点

1. 提高肥料和养分利用率

传统施肥方式，肥料利用率只有 10%～30%。在水肥一体化模式下，肥料溶解于水中通过管道以微灌的形式直接输送到作物根部，大幅减少了肥料淋失和土壤固定，磷肥利用率可提高到 40%～50%，氮肥和钾肥利用率可提高到 60% 以上。根据多年大面积示范结果，在玉米、小麦、马铃薯、棉花等大田作物和设施蔬菜、果园应用水肥一体化技术可节约用水 40% 以上，节约肥料 20% 以上，大幅度提高肥料利用率。

2. 降低成本

降低劳动力成本，水肥一体化技术比传统施肥方法节省劳动力成本 90% 以上。施肥速度快，千亩*面积的施肥可以在 1 天内完成。果树的生产过程中需要挖沟灌溉等很多复杂的过程，施肥次数甚至可能达到 18 次之多，水肥一体化技术的使用可以很大程度上减少人力及水肥管理费用。

3. 节约水资源

水肥一体化技术主要采用滴灌、微喷灌等一些节水灌溉方式进行施肥，从而将用水量降到最小。水肥一体化技术还可以减少水分的下渗和蒸发，提高水分利用率，进而达到节水的目的。

4. 破除农田地形、土壤类型等限制因子，提高土地利用率

沙地、河滩地、坡薄地及滨海盐土、盐碱土甚至沙漠等传统种植模式难以利用的土地，只要应用水肥一体化技术解决水肥问题，就能成为高产高效的好地。以色列在南部沙漠地带广泛应用水肥一体化技术生产甜椒、番茄、花卉等，成为冬季欧洲著名的"菜篮子"和鲜花供应基地。河北省藁城区在滹沱河河滩地上利用水肥一体化技术种植马铃薯，单产达到 2 000 千克，昔日没人愿意种的低产田变成了高产田。田间全部采用管道输水，代替了地面灌溉需要的农渠、毛渠及田埂，可节省土地 5%～7%。

---

* 亩为非法定计量单位，1 亩=1/15 公顷，后同。——编者注

5. 有利于保护生态环境

水肥一体化条件下，设施蔬菜土壤湿润比通常为 $60\%\sim80\%$，降低了土壤和空气湿度，能有效减轻病虫害发生，从而减少了农药用量，降低了农药残留，提高了农产品安全性。我国目前单位面积的施肥量居世界前列，肥料的利用率较低，大量肥料没有被作物吸收利用而进入环境，特别是水体，从而造成江河湖泊的富营养化。在水肥一体化环境下，蔬菜湿润深度为 $0.2\sim0.3$ 米，果树湿润深度为 $0.8\sim1.2$ 米，水肥全部集中在根层，利用率高，避免了深层渗漏，从而减轻了对环境的负面影响，既生态又环保。

6. 灵活、方便、准确地控制施肥时间和数量

滴灌施肥可以根据作物的需肥规律施肥。吸收量大的时候多施肥，吸收少时少施肥。滴灌施肥由于精确的水肥供应，作物生长速度快，可以提前进入结果期或早采收。

7. 减少病害的传播和杂草的生长

滴灌施肥可以减少病害的传播，特别是随水传播的病害，如枯萎病，因为滴灌是单株灌溉的。滴灌时水分向土壤入渗，地面相对干燥，降低了株行间湿度，发病也会显著减轻。滴灌施肥只湿润根层，行间没有水肥供应，杂草生长也会显著减少。

8. 有利于水肥药一体化

滴灌可以滴入农药，对土壤害虫、线虫病等根部病害有较好的防治作用。目前，云南宾川有推荐苯甲·嘧菌酯滴灌防治葡萄白粉病的案例。

9. 保障根系温度

冬季土温低，可以将水加温，通过滴灌滴到根部，提高土温，对葡萄早春防冻害有很好的应用；由于滴灌容易做到精确的水肥调控，在土层深厚的情况下，可以将根系引入土壤底层，避免夏季土壤表面的高温对根系的伤害。

10. 有利于改善土壤状况

微灌灌水均匀度可达 90% 以上，克服了畦灌可能造成的土壤板结。微灌可以保持土壤良好的水气状况，基本不破坏原有的土壤结构。由于土壤蒸发量小，保持土壤湿度的时间长，土壤微生物生长旺盛，有利于土壤养分转化。

（三）水肥一体化的缺点

1. 初始成本过高

水肥一体化需要整体设计和安装，从而使得首次配备水肥一体化技术所需的成本高。根据实际需求来看，温室灌溉施肥要比大田投资还要高。

2. 水质和水溶肥成为水肥一体化技术推广的限制因子，技术管理要求严格

水肥一体化技术在应用过程中，使用盐碱水或者过滤不完善的水会导致土壤盐渍化或者排水孔阻塞。如水溶肥的水不溶物含量过高，则很容易导致滴灌系统中过滤器堵塞。我国的水溶肥研究尚处在起步阶段，而且知名的适合灌溉施肥系统使用的肥料品种少，需要国内相关技术人员深入研究。

3. 水量控制不准确

对于地下滴灌，灌溉者无法看到灌溉效果，这可能导致农民或施加太多的水（效率低）或施加的水不足。

4. 滴灌塑料管道系统清理和易损性提高成本

用户需要将无法使用的滴灌带处置、回收或再利用。强烈的阳光照射、霜冻和鼠害等因素会缩短滴灌管道的使用寿命。

5. 政府投入不足

发展水肥一体化技术需要相应的配套设施，如温室、大棚等。目前，政府对这些设施的资金投入不足，虽然对相应的农户有所补贴，但投入力度远远不够。此外，水肥一体化的研究开发、技术培训、相关设施示范推广、综合配套服务等财政投入甚微，也限制了水肥一体化技术的发展。

6. 造成作物的一些不良反应

根系的生长需要水分，在滴灌过程中，水分湿润部分土壤，根系的生长只能局限在湿润区，这样可能造成限根效应；而长期滴灌施肥也容易造成湿润区边缘的盐分积累。但并不是所有地区都会产

生这些不良反应，降雨充沛的地方灌溉不是水分的唯一来源，并且降雨可以淋洗盐分，限根效应和盐分累积问题一般不会发生。

尽管水肥一体化目前还有一定的不足，但是水肥一体化技术在我国的应用是非常有必要的。作为水资源严重短缺、人均占有量仅为世界平均水平 1/4 的国家，应用该项技术可以缓解水资源短缺的现状。

五、水药一体化技术的优缺点

（一）水药一体化的优点

1. 实现高效节水用药

水药一体化结合了节水灌溉和高效用药的双重优点，实现了精确灌溉、精准施药。与传统地面灌溉和传统施药方式相比，该技术自动化程度更高，药剂减量施用减轻了传统灌溉与施药劳动强度，提高了药剂利用率和时效性，实现高效控制病虫草害。

2. 安全施药

传统施药方式粗放，常造成农药中毒，调查表明施药者中有30％以上曾经发生过不同程度的接触性农药中毒。使用水药一体化系统可避免直接接触药液和飘移的药雾，降低了有毒物质的吸入风险，实现安全施药。

3. 保护生态环境

采用微灌用药系统，减少地面灌溉造成的土壤板结等不良影响，减少土壤养分淋失和对地下水、地表水的污染以及药剂的使用量。尤其在保护地生产中，有效地降低了土壤水分与空气湿度，降低通风降湿频率，减少高湿病害发生概率，利于改善灌溉后生态环境。

4. 提高经济效益

水药一体化技术是在节水灌溉技术基础上发展而成的，尤其在已广泛采用水肥一体化技术的地区，可以直接使用已有设备进行随水施药。虽然节水设施建设初始费用较高，但是通过使用药肥灌溉技术，可以使农作物提质增效、化肥和农药施用量减少，大大缩短投资回收年限。如棉田膜下滴灌与常规的灌溉方式相比，各类总投入能够减少 35.3%，产量能够增加 10% 以上。而温室大棚更可以减少农药用量 15%～30%，节省劳动力 10～15 人次，实现节水、节本、增效。

（二）水药一体化的缺点

1. 防治对象较为单一

目前，水药一体化技术主要用于土传病害和地下害虫的防治，在防治范围上具有一定的局限性。虽然通过施用内吸性药剂可以解决部分问题，但在药剂使用量、防效以及安全性方面需要进一步研究。

2. 剂型种类较少

不同的药剂剂型对药效发挥产生非常大的影响。从目前的研究结果看，可湿性粉剂、水剂和水乳剂在水药一体化试验中出现矛盾和不稳定结果。另外，药物的溶解性差，或黏性过高，可导致管道堵塞、设备损坏，或使施药不完全、不均一。因此，特定剂型的研制对水药一体化的应用与发展起着至关重要的作用。

3. 灌溉系统水源及地下水安全问题

当通过灌溉系统加入灌溉水中的农药回流到灌溉水中甚至水源中，会带来用水安全问题。水源和灌溉方法的选择决定了是否有污染水源的可能性；加药箱前端的反水阀稳定性差也可能造成水源污染。过大或过急的降雨也可能造成药剂的下渗与淋溶，进而引起地下水安全问题。

4. 设备研发欠缺

目前，大部分智能型设备都应用于具有一定规模的农业企业，而小规模或家庭式的种植模式下应用较少。大田水药一体化设备应用效果显著，对应于该模式的设备多为价格低、易操作的设备，而稳定性高、安全环保且界面友好的智能化、自动化设备市场上较为少见。

六、水肥药一体化融合及研究现状

水肥药一体化系统不是单纯的灌溉、施肥和施药相叠加，抑或是简单地通过灌溉管道施加药剂或者肥料，更重要的是作物全生育期水肥药的联合施用。合理灌溉和施肥促进作物生长，健壮的植株抗性相应较好，而合理用药更可以起到壮苗健苗的作用，这三个方面互为补充，更好地促进作物生长。然而，国内目前对水肥药联合施用制度的研究还处于起步阶段，更加深入的试验与研究非常必要，水肥药一体化技术的推广应用更是迫在眉睫。

第二节　水溶肥基础知识

一、水溶肥的种类

当前，缺水比缺肥更严重，要解决化肥利用率低，以及水资源和土地的矛盾，节水农业、水肥一体化是极佳的解决方案。因此，大力发展水溶肥和推广水肥一体化技术成为农业和肥料产业发展的必然趋势。

水溶肥是经过水溶解或稀释，用于灌溉施肥、叶面施肥、无土栽培、浸种蘸根等的液体或固体肥料。水溶肥是一种速效性肥料，能迅速溶解于水中，无残渣，能被作物的根系和叶面直接吸收利用。水溶肥可以应用于喷灌、滴灌等设施农业，实现水肥一体化，有效吸收率高于普通化肥1倍多，而且肥效快，可以满足高产作物快速生长期的养分需求；水溶肥配合喷灌、滴灌系统需水量仅为普通化肥的30%，而施肥作业几乎可以不用人工，大大节约了成本。水溶肥一般杂质少，浓度调节十分方便，对幼苗使用安全。

水溶肥从形态分有固体水溶肥和液体水溶肥两种，从养分含量分有大量元素水溶肥、中量元素水溶肥、微量元素水溶肥、含氨基酸水溶肥、含腐植酸水溶肥、有机水溶肥等，中国农业行业标准对相关肥料的质量有明确的要求。

（一）大量元素水溶肥

大量元素水溶肥是指以大量元素氮、磷、钾为主要成分并添加适量微量元素的液体或固体水溶肥。大量元素水溶肥氮、磷、钾含量高，养分全，在传统大量元素肥料的基础上增加了全水溶性、兼容性，可用于喷灌、滴灌等设施农业，实现水肥一体化。随着我国现代农业产业体系的逐步建立，大量元素水溶肥的发展适应了现代农业节水、省肥、高效的发展理念。

1. 大量元素水溶肥的种类

大量元素水溶肥根据其元素的不同配比可分为均衡型、高氮型、高磷型、高钾型以及专用肥等。

均衡型水溶肥对解决农田养分失衡问题非常有效，尤其是对解决土壤脱肥问题效果最好，能满足作物全生育期的营养需求，适用范围广，含有高比例的硝态氮和酰胺态氮，平衡氮磷钾供应，促进植物叶片快速厚绿、根系和茎均衡生长，防止作物徒长，均衡营养，提高产量，增强品质。不同品牌肥料的配比（N - P_2O_5 - K_2O）有一定差别，常见的配比为 20 - 20 - 20，或添加有一定量的硼、铁、锌、铜、钼等微量元素，氮磷钾比例固定为 1:1:1。均衡型水溶肥用于果树如荔枝、龙眼、杧果、甘蔗、苹果、杨梅、葡萄等，在营养生长期及采果后进行喷施、冲施或滴灌，滴灌用量一般为每亩 3～5 千克，7～10 天一次；用于瓜果蔬菜如西瓜、黄瓜、茄子、豆角、辣椒等，在整个生育期内均可施用；也用于经济作物，如烟草、茶、水稻、棉花、小麦、花卉、山药等，全生育期内都可施用。

高氮型水溶肥是指相比于均衡型水溶肥，其氮的含量高于磷和钾。高氮型水溶肥可以促使作物营养生长和生殖生长的协调发展，增强作物抵抗逆境能力。高氮型水溶肥使用时间主要在作物生长前期即花前追施。水溶肥施肥方式灵活多样，适合各种作物和多地域的种植环境，如大棚、大田或山丘、沟壑、平原等，具体根据种植地域灵活选择。以肥料配比 31 - 10 - 10 为例，一亩地冲施用量为 5～10 千克，苗期减半，兑清水量为 800～1 000 千克，然后直接冲施作物根部即可，冲施是高氮型水溶肥使用最多的施肥方式。喷灌多用在山地作物，喷灌的用肥量跟冲施的用肥和用水量一样。高氮型水溶肥喷施时要先稀释，即 5 千克粉剂兑水稀释 600～1 000 倍，即加水 3 000～5 000 千克，按照一亩地 20 多千克的肥水量算可喷施 200 多亩地。高氮型水溶肥采取滴灌用肥量少，一亩地 3～4 千克，用水量在 1 吨左右，具体还得参照日常滴灌用水。选购高氮型水溶肥时应注意并不是氮含量越高就越好，需要从国家水溶肥行业标准以及作物的需肥特征进行选择。

高磷型水溶肥的磷含量高于氮和钾，其大量元素氮磷钾比例为 1∶2∶1，能促使作物根系发达，增强抗寒抗旱能力；促进作物提早成熟，穗粒增多，籽粒饱满，特别是番茄和黄瓜早期需磷量特别大的蔬菜；减少落花落果、黄叶、小叶、生长点坏死等生理病害的发生；快速有效改善土壤长期使用化肥造成的板结、酸化等问题。

高钾型水溶肥的氮磷钾比例为 1∶1∶2，使其成为膨果着色和增产的最理想产品。其中 50% 以上的氮是硝态氮，作物吸收迅速。含氨基酸高钾型水溶肥也含有一定量的缓冲离子，对盐碱化土壤也有一定的作用。在作物发芽、开花、成熟期及缺钾的情况下推荐使用高钾型水溶肥，效果极佳，它能快速纠正作物缺钾症状，促进果实快速膨大、着色、增甜。高钾型水溶肥可用于果树、瓜果蔬菜等经济作物，其适用时期、用法、用量与均衡型水溶肥基本一致。

专用水溶肥是专门针对某一作物的某个生长阶段配制的特殊氮磷钾比例的肥料。例如，苗期专用的液体肥料，采用高磷、高锌配合多种微量元素，充足供应苗期养分，避免根际养分亏缺，保证苗齐苗壮；促进养分均匀分布在根系范围，增加根系吸收面积，提高养分利用率，达到快速生根、壮苗、防死棵，促花、壮果、稳坐果，抗病、抗逆等效果。膨果专用液体肥料，采用高磷高钾配比，养分含量高，纯净无杂质，富含壮果膨果元素，具有显著的增色美果功效。此外，还有瓜果专用有机液体肥料、开花坐果专用螯合液体肥料等专用水溶肥。

2. 大量元素水溶肥的特点

（1）全溶于水。大量元素水溶肥具有完全的水溶性、特佳的纯度，适合一切施肥系统，可用于基施、冲施、滴灌、喷灌、叶面喷施等，能够真正实现水肥一体化，从而达到节水节肥、省工省时的效果。

（2）营养全面。大量元素水溶肥含有大量元素氮、磷、钾，中量元素钙、镁、硫，以及一部分必要的微量元素硼、锰、铁等。其中，大量元素的含量总和不少于 50%，单一元素的含量最低不少于 4%。该水溶肥均衡植物所需的多种元素配比，完全能满足农业生产者对高质量、高稳定度产品的需求。

（3）易被吸收。大量元素水溶肥氮、磷、钾利用率高，是传统肥料的 3～4 倍，微量元素以螯合态的形式存在于产品中，可被作物直接吸收，见效快。

（4）安全环保。该水溶肥原料超纯、无杂质、电导率低，可安全施用于各种蔬菜、花卉、果树、茶叶、棉花、烟草、草坪等。

（5）无毒无害。大量元素水溶肥含有大分子有机活化因子，能改良土壤、提高土壤的保肥保水能力，使土壤的抗逆性大大增强。

（6）兼容性好。除强碱性农药外，该水溶肥可与多数农药混合使用，减少操作成本。

然而，不可否认的是，水溶肥具有一定的缺点：首先价格普遍较高，不利于普及；其次，速效性强，难以在土壤中长期保存，用肥量要严格控制，如果单次使用稍多，就会造成肥料流失，既降低施肥的经济效益，还会造成水环境污染。

3. 大量元素水溶肥优劣的辨别

目前，市场上的水溶肥产品质量水平参差不齐，需要购买者掌握辨别优劣的方法。

第一，看包装袋上大量元素与微量元素养分的含量。依据大量元素水溶肥标准，氮、磷、钾三元素单一养分含量不能低于 4%，三者之和不能低于 50%，若氮、磷、钾某一元素标注不足 4% 或三元素总和不足 50%，说明此类产品是不合格的。微量元素应至少包含一种，且含量不低于 0.05%。

第二，看包装袋上各种具体养分的标注。高品质大量元素水溶肥对包括大量元素和微量元素等成分的标识非常清楚，而且都是单一标注，这样养分含量比较明确，用着才放心。非正规厂家生产的大量元素水溶肥养分含量一般会用几种元素含量总和大于百分之几这样的字样标识，说明产品不正规。

第三，看产品配方和登记作物。大量元素水溶肥是一种配方肥料，高品质的水溶肥一般都有好几个配方，从苗期到采收都能找到适宜的配方使用。正规水溶肥的登记作物是某一种或几种作物，对于没有登记作物的需要有各地使用经验说明。

第四，看有无产品执行标准、产品通用名称和肥料登记证号。大量元素水溶肥，通用的执行标准是 NY 1107—2020，如果包装上不是这个标准，说明不是全水溶性肥料。若包装上标注的标准是以GB 开头的，说明此类产品不是合格的大量元素水溶肥。另外，还要看是否有肥料登记证号，合格的大量元素水溶肥其肥料登记证号和生产厂家都能查到，若查不到，说明该产品是不合格的。

第五，看肥料的溶解性，将肥料放入水中溶解是辨别水溶肥质量最重要的方法。高品质的全水溶性肥料在水中能迅速溶解，溶液澄清且无残渣及沉淀物；若肥料在水中不能完全溶解，有残渣，说明肥料质量不是很好。

第六，看肥料的外观。好的固体水溶肥产品颗粒均匀，呈结晶状。若颗粒大小不一，尤其是类似复混肥的，最好不要购买。

只要掌握以上方法，就可以挑选出优质、高效的水溶肥产品，实现增产增收。

（二）中量元素水溶肥

中量元素水溶肥是由中量元素钙、镁按照植物生长所需比例，或添加适量铜、铁、锰、锌、硼、钼微量元素制成的液体或固体水溶肥。液体产品钙含量不低于 100 克/升，或者镁含量不低于 100 克/升，或者钙、镁总含量不低于 100 克/升；固体产品钙含量不低于 10.0％，或者镁含量不低于 10.0％，或者钙、镁总含量不低于 10.0％。中量元素水溶肥适宜作物以苹果和番茄居多。它与大量元素肥料搭配使用，可以弥补作物因缺素而引起的生理病害，使作物吸收更全面的营养，是大量元素氮、磷、钾的黄金搭档。中量元素水溶肥施入土壤后能使作物的根部发达，秸秆粗壮，叶色深绿，提高土壤中氮、磷、钾的利用率。肥料中的钙、镁离子不仅能为作物提供充足的钙、镁，而且能改善土壤理化性状，对土壤起到保护作用；其次，全水溶性、不含激素的中量元素水溶肥还是一种安全环保、无残留的肥料，既保证了作物叶片、花果的安全性，也对环境和作物无毒害，是一种环境友好型的绿色肥料。

（三）微量元素水溶肥

微量元素水溶肥是由铜、铁、锰、锌、硼、钼微量元素按照植物生长所需比例制成的液体或固体水溶肥。微量元素水溶肥中元素可以直接被植物吸收利用，固体产品的微量元素含量不得低于10%，液体产品的微量元素含量不得低于100克/升。植物吸收的微量元素量有限，但不能缺少。植物缺少某一种微量元素，营养生长和生殖生长就会发生障碍，甚至僵苗死亡。微量元素的缺乏，与土壤供应状况和作物吸收利用的情况有很大关系，不同土壤提供微量元素的量是不同的，不同作物对微量元素的吸收也不同。由此，施用微量元素一定要有针对性地施用。有些微量元素使用不当，还会对植物造成毒害。微量元素水溶肥既可作基肥、种肥，也可作追肥。使用方法有喷、浸、拌、穴、撒、蘸等多种。

（四）含氨基酸水溶肥

含氨基酸水溶肥是以游离氨基酸为主体，按植物生长所需比例，添加铜、铁、锰、锌、硼、钼微量元素或钙、镁中量元素制成的液体或固体水溶肥，产品分微量元素型和钙元素型两种类型。微量元素型含氨基酸水溶肥的游离氨基酸含量，固体产品和液体产品分别不低于10%和100克/升，并且还要包含至少两种微量元素，其总含量分别不低于2.0%和20克/升。钙元素型含氨基酸水溶肥也有固体和液体两种，游离氨基酸含量与微量元素型相同，而钙含量，固体产品和液体产品分别不低于3.0%和30克/升。氨基酸是植物生长所必需的营养物质，对植物生长特别是光合作用具有独特的促进作用，增加植物叶绿素含量；促进干物质的积累；调节大量元素、微量元素以及各种营养成分的比例和平衡状态，从而起到调节植物生长的作用。氨基酸可与难溶性元素发生螯合反应，对作物所需元素产生保护作用，并生成溶解度好、易被作物吸收的螯合物，从而有利于植物吸收。含氨基酸水溶肥主要的有效成分为有生物活性的氨基酸及添加的大、中量元素。氨基酸及大、中、微量元素均可以直接被植物的根系或叶片吸收。氨基酸还可以在土壤酶的作用下分解成铵根离子而被植物吸收。另外，进入土壤的氨基酸除被植物根系吸收外，还可被土壤中微生物利用，而促进微生物的繁殖，进而提高土壤的可耕性、保水保肥性。

(五)含腐植酸水溶肥

含腐植酸水溶肥是一种含腐植酸类物质的水溶肥，是以腐植酸按植物生长所需比例，添加适量氮、磷、钾大量元素或铜、铁、锰、锌、硼、钼微量元素制成的液体或固体水溶肥。产品分大量元素型和微量元素型两种类型。大量元素型固体产品的腐植酸含量不低于3％，大量元素含量不低于20％；大量元素型液体产品的腐植酸含量不低于30克/升，大量元素含量不低于200克/升。微量元素型固体产品的腐植酸含量不低于3％，微量元素含量不低于6％。

腐植酸是一类由动植物残体等有机物经微生物分解转化和地球化学过程而形成的天然高分子有机物，多从泥炭、褐煤、风化煤中提取，能刺激植物生长、改土培肥、提高养分有效性和作物抗逆能力。腐植酸为高分子含氮有机胶体物质，占土壤有机物总量的85％～90％，与土壤矿物质紧密结合。腐植酸为土壤中有机质腐化而来，可使沙土变软、黏土变松，改善土壤的可耕性、通透性及保水保肥能力。腐植酸带负电荷，可吸附钾、钙、镁等离子于根际，使其免于流失，这些阳离子可被根系附近的氢离子或其他阳离子交换供植株吸收。腐植酸带有弱酸基团，可在根际形成缓冲带，进而增强土壤的缓冲能力，提高作物抗旱、抗涝能力。腐植酸呈弱酸性，可促进土壤中难溶磷及微量元素的释放。腐植酸的弱酸基团，还可结合镉等重金属离子以减轻土壤重金属污染。总之，腐植酸不能直接为作物提供营养，其分解产生的矿物质也很微量，不足以为作物提供充足养分，它的主要作用是作为土壤的组成成分，维持土壤的三相结构，保持土壤的可耕性、通透性、保水保肥性及抗旱、抗涝能力。

(六)有机水溶肥

有机水溶肥是指采用纯天然精细食品级原料生产，是一种精细化粉末状的全水溶性高含量有机肥料，通常是通过有机废弃物如糖蜜、酒精尾液等，经过一定处理后制成的一类肥料。有机水溶肥的要求更高，对原料品质和处理工艺都有严格的标准。有机肥料可以改善土壤理化性状，提高土壤肥力；促进土壤微生物的活动；养分全面，肥效持久；降低肥料成本；维持和促进土壤养分平衡。有机水溶肥是绿色农产品、无公害农产品的重要保证。有机水溶肥具有全水溶性、高活性、全吸收、见效快及水溶性钾含量高的特点。

二、水溶肥配制的注意事项

虽然目前市场上有各种各样水溶肥品种，但是价格普遍较高，会增加农业投入的成本。如果能够掌握不同单元素肥料的特性、不同肥料间的反应以及其他因素的影响，农户可以按照一定的配方自行配制不同营养元素的营养液来减少肥料投入，尤其是对于一些规模较大的农业企业或集约化种植的地区，可以根据当地的土壤和作物种类的差异，配制更适合作物的营养液。

（一）配制水溶肥对肥料的要求

了解和掌握不同肥料的性质，才能合理地运用水肥一体化技术。在水肥一体化系统中，肥料的选择应符合以下 5 点。

1. 水溶性要强

如果肥料中水不溶物较多，会堵塞过滤器和管道。因此，水不溶物含量是判断水溶肥质量的重要指标。不同的灌溉模式对水不溶物含量的要求不一样，如用于滴灌系统的水不溶物含量要小于 0.1%，喷灌系统的小于 0.5%，冲施、淋施、浇湿等的小于 5%。不同的过滤设备对水不溶物的要求也不同，自动反冲洗过滤器的要求相对低一些，而人工清洗的过滤器则较高。

2. 养分含量要高

如果养分含量太低，就会增加肥料用量，可能造成溶液中离子浓度过高，从而堵塞滴头。

3. 腐蚀性要小

如果肥料腐蚀性大，当与灌溉设备接触时，溶液腐蚀、溶解设备，或者是设备生锈。

4. 与灌溉水的反应要小

灌溉水一般含有各种离子和杂质，如钙离子、碳酸根离子、硫酸根离子等，当这些离子的浓度达到一定程度时，会与肥料中的某些离子反应生成沉淀，从而堵塞滴头，同时降低养分的利用率。我国北方地区灌溉水的硬度较大，即钙镁离子含量较高，灌溉时应采用酸性肥料，防止生成沉淀。

5. 杂质含量少

如果肥料的杂质含量较高，容易堵塞过滤器或滴头等设备，影响设备的使用寿命。

（二）用于配制水溶肥的肥料种类

适合灌溉施肥系统的肥料应满足以下几点：在常温下易溶于水，溶解速度快；肥料的养分含量高，杂质含量低；能与其他肥料进行混合；与灌溉水的相互作用小，不会生产沉淀或引起灌溉水酸碱度的剧烈变化；对仪器设备的腐蚀性小。

常用的单元素和双元素水溶肥主要有以下几种。

氮肥中，尿素是灌溉施肥系统最常用的肥料，它的养分含量高、溶解性好、杂质少、与其他肥料的相容性好；其次，灌溉施肥系统常用的肥料还有碳酸氢铵、硫酸铵、氯化铵等。磷肥中，工业级别的磷酸一铵和磷酸二铵易溶于水，是最为广泛使用的配制水溶性复混肥的原料。磷酸因为具有一定的腐蚀性，磷含量变幅又较大，一般不被选用配制水溶性复混肥。钾肥中，硝酸钾溶解性好、无杂质，是作物钾肥的理想肥料，也是用于灌溉系统的优质肥料。由于红色氯化钾含有氧化铁等水不溶物，多选用白色氯化钾作为原料。硫酸钾水溶性较差，配施营养液时需要不断搅拌，只取上清液使用，使用不方便，所以一般不采用硫酸钾。中微量元素肥料中，大多数溶解性都较好，杂质少。微量元素则最好单独进行施用，一般不会随着大量元素一起施入。

三、水溶肥配制

掌握了用于配制水溶肥的肥料种类的特性及其他影响因素，就可以根据不同作物的不同生育期分别配制相应的养分组成和比例的高浓度营养液，使用时再用水进行稀释。这样就可以根据具体情况，给作物量身定制合适的营养液，从而更好地满足作物需求。表1-1列出了常用的自行配制氮磷钾储备液配方，农户可以根据不同作物不同生育期的肥料需求，依据表中的配方，配制出更有针对性的不同比例的储备液。

表1-1 常用的自行配制氮磷钾储备液配方

类别	N-P_2O_5-K_2O	组成（%，质量百分含量）			肥料的添加量（%）				
		N	P_2O_5	K_2O	尿素	硫酸铵	磷酸	磷酸二氢钾	氯化钾
钾	0-0-1	0	0	7.5	—	—	—	—	12.3
磷钾	0-1-1	0	5.8	5.8	—	—	9.4[①]	—	9.5[②]
	0-1-2	0	3.9	8.0	—	—	—	7.5[①]	8.9[②]
氮钾	1-0-1	4.6	0	4.6	10.0[①]	—	—	—	7.5[②]
	1-0-2	1.9	0	3.9	—	9.0[②]	—	—	6.4
	2-0-1	5.8	0	2.9	12.6[①]	—	—	—	4.8[②]
氮磷钾	1-1-1	3.3	3.3	3.3	7.2[②]	—	5.3[①]	—	5.4
	1-1-1	4.4	4.6	4.9	9.6[①]	—	—	8.8[①]	3.0
	1-2-4	2.2	4.8	8.9	4.8[②]	—	7.7[①]	—	14.6[③]
	3-1-1	6.9	2.3	2.3	15.0[②]	—	3.7[①]	—	7.0[③]
	3-1-3	6.4	2.1	6.4	13.9[②]	—	4.0[①]	—	8.2[③]
	1-2-1	2.5	5.9	2.5	5.4[②]	—	8.1[①]	—	4.1[①]

注：表格中N、P_2O_5和K_2O组成指的是每100克溶液中的百分含量，上标数字①、②和③分别表示肥料添加的顺序，磷酸的质量百分含量为85%。

四、水溶肥配制中养分含量的计算

现在市售肥料有效磷、钾养分的含量，通常以百分数来表示。例如，当某种肥料的氮磷钾含量标识为20-20-20，表示该肥料中氮（N）、磷（P_2O_5）和钾（K_2O）的百分含量分别为20%、

20%和20%。但是配制营养母液时，采用的是氯化钾、磷酸二氢钾、硫酸铵、磷酸等原料，需要将原料中的磷、钾元素含量换算为其氧化物的百分含量。

（一）氮肥

由于肥料中氮的含量就是氮元素的含量，不需要进行转换。

（二）磷肥

由 P 含量换算为 P_2O_5 的系数是 2.291，P_2O_5 含量换算为 P 的系数是 0.437。即 1 千克 P 换算为 2.291 千克 P_2O_5，1 千克 P_2O_5 换算为 0.437 千克 P。

（三）钾肥

由 K 含量换算为 K_2O 的系数是 1.205，K_2O 含量换算为 K 的系数是 0.83。即 1 千克 K 换算为 1.205 千克 K_2O，1 千克 K_2O 换算为 0.83 千克 K。

（四）实例：计算液体肥料的养分含量

1. 计算一定体积的液体肥料中营养元素的数量

例如，密度为 1.10 千克/升的 20 - 10 - 10 的液体肥料，计算 1 升肥料中氮磷钾的数量。

含氮（N）量＝1 升×1.10 千克/升×20%＝220 克。

含磷（P）量＝1 升×1.10 千克/升×10%×0.437＝48.07 克。

含钾（K）量＝1 升×1.10 千克/升×10%×0.83＝91.3 克。

如施用 100 千克磷需要该液体肥料数量为：100×1 000/48.07＝2 080 升。

如施用 150 千克钾需要该液体肥料数量为：150×1 000/91.3＝1 643 升。

2. 配制一定浓度的营养储备液

例如，配制 100 千克氮磷钾比例为 4.4：4.6：4.9 的营养液，具体操作过程如下：

（1）分别计算 N、P_2O_5 和 K_2O 的含量。100 千克该营养储备液 N 含量为 100×4.4%＝4.4 千克，P_2O_5 含量为 100×4.6%＝4.6 千克，K_2O 含量为 100×4.9%＝4.9 千克。

（2）计算具体肥料的用量。尿素 N 含量为 46%，4.4 千克 N 需尿素量为：$4.4/46\%=9.57$ 千克。

4.6 千克 P_2O_5 换算为 $4.6\times0.437=2.01$ 千克 P，2.01 千克 P 需 KH_2PO_4 量为：$2.01/23\%=8.74$ 千克（KH_2PO_4 含 P 量为 23%）。

8.74 千克 KH_2PO_4 含 K 量为：$8.74\times0.29=2.53$ 千克，2.53 千克 K 换算为 $2.53\times1.205=3.05$ 千克 K_2O。

剩下的 K_2O 为：$4.9-3.05=1.85$ 千克，由 KCl 提供。1.85 千克 K_2O 换算为 $1.85\times0.83=1.54$ 千克 K，需 KCl 量为：$1.54/52\%=2.96$ 千克（KCl 含 K 量为 52%）。

因此，配制 100 千克氮磷钾比例为 4.4∶4.6∶4.9 的营养液需尿素 9.57 千克，KH_2PO_4 8.74 千克，KCl 2.96 千克。

（3）营养液配制过程。在容器中加入约 79 升水，加入 8.74 千克磷酸二氢钾，然后再加入 9.57 千克尿素，最后再加入 2.96 千克氯化钾，搅拌至肥料完全溶解即可。

五、水溶肥的施用及注意事项

（一）水溶肥的施用方法

水溶肥的施用方法较为灵活，一般有三种方式。

1. 滴灌、喷灌和无土栽培

在一些极度缺水地区、规模化种植的大农场以及高品质高附加值的经济作物上，人们往往用滴灌、喷灌和无土栽培技术来节约灌溉水并提高劳动生产效率。在灌溉的时候，肥料已经溶解在水中，浇水的同时也可以施肥，即水肥一体化。这时植物所需要的营养可以通过水溶肥获得，既节约了用水，节省了肥料，又提高了劳动效率。

2. 土壤浇灌

土壤浇水或者灌溉的时候，先把肥料混合在灌溉水中，这样可以让植物根部全面地接触到肥料，通过根的呼吸作用把化学营养元素运输到植株的各个组织中。

3. 叶面施肥

把水溶肥稀释溶解于水中进行叶面喷施，或者与非碱性农药一起溶于水中进行叶面喷施，通过叶面气孔进入植株内部。当一些幼嫩的植物或者根系不太好的作物出现缺素症状时，叶面施肥是一个最佳改善缺素症的选择，极大地提高了肥料吸收利用率，促进营养元素在植物内部的运输。

不同种类的水溶肥施用方法也有所不同，大量元素水溶肥、微量元素水溶肥主要作基肥和追肥，也可用于叶面喷施、冲施、浸种、拌种等。施用时将水溶肥适当稀释后与其他肥料混拌或浇施等，但要特别注意施用量、稀释浓度和施用方法。

含腐植酸水溶肥主要是拌肥后作基肥，每亩用 0.02％～0.05％水溶液 300～400 千克与农家肥混拌；用 0.01％～0.05％水溶液浇根系附近作追肥、浸种和蘸根，例如用 0.01％～0.05％水溶液浸泡菜籽 5～10 小时等。

含氨基酸水溶肥在应用上主要作叶面肥，也可以用于浸种、拌种和蘸秧根。浸种一般是把种子浸泡在稀释液中 6～8 小时，捞出晾干后播种；拌种是将稀释液均匀喷洒在种子表面，放置 6 小时后播种。在实际生产中，要严格按产品说明书要求进行操作。

（二）水溶肥施用的注意事项

水溶肥肥效快，可以满足高产作物快速生长期的养分需求，而且从用量以及成本上都优于传统肥料，但是水溶肥在施用过程需要注意以下问题：

1. 配方种类

水溶肥种类众多，有大量元素、微量元素，还有腐植酸、氨基酸等，每种所发挥的效果自然不同，为此在追肥前要先了解作物的需肥特点，选择不同配比的肥料。

2. 追肥施用

水溶肥的肥效短，在施用前要先施好基肥，不能整个生育期都使用水溶肥，基肥充足外加追肥对作物增产明显。

3. 少量多次

速效肥料讲究少量多次施用，不能一次性大量施入，水溶肥肥效一般能持续约 20 天。对于瓜果作物一般间隔 10 天左右施一次，虽然施肥频率高，但膨大果实、增加口感、加快成熟等效果非常突出。

4. 施肥方式

水溶肥施用时应该根据作物的特点以及当地的环境来选择合理的施肥方式，可滴灌、喷灌、冲施，灵活选择。水溶肥要尽量单独施用或与非碱性的农药混用，以免金属离子起反应产生沉淀，造成叶片肥害或药害。

5. 掌握施肥时间

在作物的整个生育期内，水溶肥主要在作物生长中后期开始施用，花后开始至成熟前一周停止；作追肥，应该在早上和傍晚进行施用。

6. 现配现用

在给作物施肥时要先计算亩用量，然后根据稀释兑水的倍数来进行控制用肥量，做到现配现用，以防液体肥料久置造成养分挥发降低肥效。

第三节　常用农药及应用注意事项

根据农作物病害、虫害、杂草防治要求，农药一般分为杀虫剂、杀菌剂、除草剂等，此外还有植物生长调节剂、害虫行为控制剂等。

一、常用杀虫剂

有机磷类杀虫剂：敌百虫、辛硫磷、马拉硫磷、甲基异柳磷、乐果、毒死蜱、三唑磷、丙溴磷、杀螟硫磷。

新烟碱类杀虫剂：吡虫啉、啶虫脒、噻虫嗪、烯啶虫胺、噻虫啉、噻虫胺、氟啶虫酰胺。

拟除虫菊酯类杀虫剂：溴氰菊酯、氯氰菊酯、氰戊菊酯、氟氯氰菊酯（功夫）。

氨基甲酸酯类杀虫剂：异丙威、灭多威、克百威（呋喃丹）、西维因（胺甲萘）。

杀螨剂：哒螨灵、噻螨酮、螺螨酯、螺甲螨酯、丁醚脲、联苯肼酯、炔螨特。

昆虫生长调节剂类：哒幼酮、抑食肼（虫死净）、虫酰肼、甲氧虫酰肼、环虫酰肼、呋喃虫酰肼、吡丙醚。

苯甲酰基脲类杀虫剂：灭幼脲、除虫脲、氟虫脲、虱螨脲、氟酰脲、杀铃脲。

沙蚕毒素类杀虫剂：杀螟丹、杀虫单、杀虫双、杀虫环、杀虫磺。

微生物源杀虫剂：白僵菌、绿僵菌、苏云金杆菌、多杀霉素、阿维菌素、甲氨基阿维菌素苯甲酸盐（甲维盐）。

其他类杀虫剂：氟虫腈、溴虫腈、氯虫苯甲酰胺（康宽）、螺虫乙酯、茚虫威、虫螨腈。

二、常用杀菌剂

含铜的杀菌剂：碱式硫酸铜、氧氯化铜、氧化亚铜、氢氧化铜、络氨铜。

含硫杀菌剂：硫黄制剂、代森锌、代森铵、代森锰锌、福美双、乙酸素。

有机磷杀菌剂：三乙膦酸铝、稻瘟净、敌瘟磷。

氨基甲酸酯类杀菌剂：乙霉威、霜霉威及其盐酸盐。

二甲酰亚胺类杀菌剂：腐霉利、异菌脲、乙烯菌核利、菌核净。

苯基酰胺类杀菌剂：甲霜灵、噁霜灵、苯霜灵。

取代苯类杀菌剂：百菌清、五氯硝基苯、敌磺钠、灭锈胺。

苯并咪唑类杀菌剂：多菌灵及盐酸盐、苯菌灵、噻菌灵、丙硫多菌灵、甲基硫菌灵。

三、常用除草剂

目前，市场出售和应用的除草剂种类繁多，常用的除草剂：草甘膦、草铵膦、莠去津、莠灭净、灭草松、敌草隆、烟嘧磺隆、乙氧氟草醚、乙羧氟草醚、氟磺胺草醚、双草醚、异丙甲草胺、氰氟草酯、丁草胺、乙草胺、丙草胺、苯达松、2甲4氯钠、吡嘧磺隆、苄嘧磺隆、环胺磺隆、扑草净、敌稗、精喹禾灵、乳氟禾乐灵、二甲戊乐灵、氟乐灵、草禾灵、吡氟禾乐灵、咪唑乙烟酸等。

四、水药一体化应用注意事项

农药是一类具有很高生物活性的物质，可以控制农业有害生物，也可以调节作物生长发育。在农药使用过程中方法不当，可能对人、畜、禽等其他生物造成毒害，或者对农田的有益生物造成影响等。因此，在农药使用过程中应注意以下几个方面。

第一，根据病害、害虫活动规律、药剂类型，选择不同的施药方法和施药时间。为防止病原菌、害虫产生抗药性，需合理轮换和混用农药，这样可以有效提高农药的防治效果；同一药剂在同一作物上最多施用2次，以减缓或防止农药残留，病原菌、害虫产生抗药性等副作用的发生或发展。

第二，农药混用时需咨询销售点人员是否可以混用。尤其是一些农药遇到碱性物质分解失效或产生毒性更强的物质，一定不要随意混用。或者混合后出现乳剂破坏现象的农药剂型或肥料、混合后产生凝絮或大量沉淀的农药剂型，都不能相互混用。

第三，根据农药的使用说明，在有效的浓度范围内且能发挥农药药效的情况下，可以降低农药浓度进行防治，切忌大量使用农药。

第四，土壤熏蒸类农药随水滴药时要注意土壤含水量，应在较低含水量时随水滴施效果好；内吸性农药随水滴施时应在滴水结束前30分钟将农药掺入肥料罐滴施，保证农药在根层的浓度，防止农药淋失对地下水的污染。

第五，对土壤湿度的要求，灌根类农药要在土壤半湿半干时进行使用，此时含水量适中，不会对药液产生明显的稀释，也不会影响药液正常扩散。土壤过干时灌药，药液虽不易流失，但扩散性较差，分布范围较小，易发生药害；土壤过湿时灌药，药液扩散性虽好，但易流失且浓度降低明显，药效差，药效期也短。

第六，药液用量要适宜。适宜的药液用量使滴水滴药后药液能均匀渗湿根际土壤，特别是要湿润到主要根群分布范围内的土壤。一般每株的滴药量视植株大小 50～500 毫升不等，苗期每株滴药液 50～100 毫升，成株期用量要加大。

第七，药液浓度要适宜。专用于灌根的农药要按说明书上的要求浓度配制药液，如果用叶面喷雾的农药来灌根，可按说明书最高浓度配药。潮湿土壤灌药，药液浓度要相应加大，以弥补因土壤水分稀释而降低的浓度；而干燥土壤灌药，药液浓度应适当低一些，防止发生药害而伤根，特别是用易发生药害的无机农药，更要避免浓度偏高。

第八，滴药时间间隔要适当。两次滴药间隔要根据土壤类型及灌根时土壤含水量高低等因素来确定。黏性土壤一般有机质含量较高，对农药的吸附力较强，药剂不易流失和淋失，药效期限长，灌药间隔时间可长一些；干燥土壤由于对药剂的吸附力较强，药剂不易淋失，灌根间隔期也应长些，一般以 8～10 天灌根 1 次为宜。反之，灌根的间隔期就要短一些，每 5～7 天灌 1 次。

第二章 水肥药一体化工程
设施及设备

　　水肥药一体化技术是将灌溉、施肥、施药融为一体的农业新技术。水肥一体化是借助压力系统或地形自然落差，根据作物的需水、需肥规律，将可溶性固体肥料或液体肥料配兑而成的肥液，与灌溉水一起均匀、准确地输送到作物根部土壤，供给作物吸收。而水药一体化是根据农田病虫草害的发生规律，将农药随灌溉系统随水施入农田，从而达到防治病虫害的目的，由于单独铺设灌药设备或系统的成本高，所以目前灌溉施药系统还依赖于传统的水肥一体化系统设备。目前，水肥一体化系统主要有两大组成部分，分别是灌溉系统和施肥系统。水肥一体化技术常用的灌溉方式有喷灌和微灌。

第一节 喷灌系统

　　喷灌是借助水泵和管道系统或利用自然水源的落差，把具有一定压力的水喷到空中，散成小水滴或形成弥雾降落到植物和地面上的灌溉方式。喷灌与地面灌溉相比，具有灌水均匀度高、灌水时间和灌水量可以精确控制、对土壤和作物扰动小、淋盐周期短、脱盐效果好、操作管理简单、减少土地平整工作量等优势。喷灌作为一种现代化的高效节水灌溉技术，将其合理地推广和应用已成为解决我国农业用水紧张的必要手段，也是在今后一段时期我国重点发展的节水技术之一。

一、喷灌系统组成、分类及特点

（一）喷灌系统的组成
　　一套完整的喷灌系统一般由水源、首部系统、管网和喷头组成。

1. 水源

喷灌系统必须有足够的水源，大部分是由已建的水利工程供水的，如机井、水库、塘坝、渠道等工程。此外，湖泊、河流及城市供水系统也可作为喷灌水源。在作物整个生长季节，水源应供水有保障。在确定喷灌项目时首先要调查收集资料，分析计算设计标准下的供水量和流量，以便确定灌溉用水量是否有保障，是否需要重新调节。在来水量不够大、水质不符合喷灌要求的地区，需要修建水源工程，通过水源工程的蓄积、沉淀及过滤作用，为喷灌系统的正常运行提供满足水量和水质等要求的水源。同时，水源水质应满足灌溉水质标准的要求。

2. 首部系统

首部系统的作用是从水源取水，并对水进行加压、水质处理、肥料注入和系统控制。首部系统一般包括加压设备（动力设备、水泵）、计量设备（流量计、水表、压力表）、安全保护设备（过滤器、安全阀、泄压阀、逆止阀）、控制设备（闸阀、球阀、给水栓、自动控制装置、恒压变频控制装置）、施肥设备（施肥器、施肥罐）等。首部设备的多少，可视系统类型、水源条件及用户要求有所增减。若供水系统的压力满足不了喷灌工作压力的要求时，需建专用水泵站或加压水泵室或专用水塔。在利用城市供水系统作为水源的情况下，往往不需要加压水泵。

（1）加压设备。喷灌需要使用有压力的水才能进行喷洒，一般常采用水泵将水进行提取、增压、输送到各级管道及各个喷头，通过喷头喷洒出来。喷灌可使用各种农用泵，如潜水泵、离心泵和深井泵等。为了移动方便，轻小型喷灌机组常采用喷灌专用自吸泵。与水泵配套的动力机有电动机、柴油机、拖拉机和汽油机等。如果有电力供应，应尽量采用电动机；在无电地区或用电困难的地方可采用柴油机、拖拉机或手扶拖拉机等作为水泵的动力机。动力机的功率大小应根据水泵的配套要求而定。

（2）计量设备。流量计、水表、压力表是为了保证系统正常运行而对系统的工作状态进行监测的装置。例如，通过过滤器两侧压力表的差值可以及时判断过滤器的堵塞情况和管道系统是否破裂漏水等。

（3）安全保护设备。安全保护设备可以对喷灌系统起到安全保护作用。例如，过滤器可以防止水中杂物进入管道而堵塞喷头；安装在系统最高处或局部最高处的安全阀，在系统启动及停止时能及时排气和补气；逆止阀防止水的倒流，对防止水锤和保护水泵有重要的作用。

（4）控制设备。控制设备可以控制系统水流的流向，按喷灌要求向各部分分配输送水流，同时还为以后系统的维修提供方便。例如，为了喷灌系统安全越冬，应在灌溉季节结束后，打开泄水阀排空管道中的水。为了观察喷灌系统的运行状况，除了要在水泵进出管道上安装真空表、压力表和水表外，还应在管道系统上设置必要的闸阀，以便配水和检修。

（5）施肥设备。施肥设备是通过喷灌系统对作物进行施肥的装置。常用的施肥设备有施肥罐、文丘里施肥器和泵前侧吸储肥装置等。

3. 管网

管网即喷灌系统的输配水管道系统，其作用是把经过水泵加压或自然有压的灌溉水输送并分配到所需灌溉区域的喷头上，故一般采用压力管道进行输配水。管道系统应能承受一定的压力并通过一定的流量，一般由不同管径的管道组成，包括干管一级、支管两级、竖管三级。干管起输配水作用，将水流输送到田间支管。支管是工作管道，根据设计要求在支管上按一定间隔安装竖管，竖管末端接喷头，压力水通过干管、支管和竖管，经喷头喷洒到田间地面上。管道系统中安装具有连接和控制作用的各种附属配件，包括闸阀、三通、弯头、给水阀和其他接头等。有时在干管或支管的上端还装有施肥装置。通过各种相应的连接件将各级管道连接成完整的管网系统。现代灌溉系统的管道多采用施工方便、水力学性能好、不会生锈腐蚀的塑料管道，如聚氯乙烯（PVC）管、聚乙烯（PE）

管等。同时，应在管网中安装必要的安全装置，如进排气阀、限压阀、泄水阀等。根据铺设状况，管道可分为地埋管道和地面移动管道，地埋管道埋在地下，而地面移动管道则按灌水要求沿地面铺设。

4. 喷头

喷头安装在竖管或直接安装于支管上，是喷灌系统的关键设备。喷头的作用是把管道中有压的集中水流通过喷嘴喷射到空中，分散成众多细小的水滴，均匀地散布在种植区域对作物进行灌溉。细小的水滴不仅有利于农作物的吸收，而且有利于灌溉效率及水资源利用效率的提高。根据不同地形、不同作物种类，喷头有高压喷头、中压喷头、低压喷头和微压喷头，还有固定式喷头、旋转式喷头和孔管式喷头。喷洒方式有全圆喷洒和扇形喷洒，还有行走式喷洒和定点喷洒。喷灌系统对喷头的基本要求：使连续水流变为细小水滴，即雾化；使水滴能较为均匀地喷洒到地面一定范围内，称为合理的水量分布；单位时间内喷洒到地面的水量应适应土壤入渗能力，不产生径流，称为适宜的喷灌强度。

（二）喷灌系统的分类

喷灌系统的形式很多，且各具特色，分类的方法也不同。如按喷灌系统的加压方式分类，喷灌系统有机压喷灌系统和自压喷灌系统；如按系统构成的特点分类，可将喷灌系统分为管道式喷灌系统和机组式喷灌系统；如按系统中主要组成部分是固定式还是移动式分类，可将喷灌系统分为移动式、固定式和半固定式三类，且这三类均属于管道式喷灌系统。

1. 机压喷灌系统和自压喷灌系统

（1）机压喷灌系统。机压喷灌系统是指由动力机和水泵等设备为喷头提供压力的喷灌系统。在没有自然水头可利用时，为使喷灌水流具有一定的压力，必须使用水泵进行加压。动力机可采用电动机、柴油机、汽油机，也可利用拖拉机的动力输出轴提供动力，这是喷灌获取压力最普遍的方式，也是最容易实现的形式。因运行时需要耗能，系统运行费用较高。加压水泵的流量要满足灌溉要求，其扬程除应保证喷头工作压力外，还要考虑克服管道沿程和局部水头损失，以及水源和喷头之间的高差。

（2）自压喷灌系统。自压喷灌系统多建在山丘区，当水源位置高于田面，且有足够的落差时，利用水源具有的自然水头，用管道将水引至喷灌区，实现喷灌。自压喷灌无须耗能，大大减少了系统运行费用。使用水泵将低处的水扬至高处的蓄水池中，然后按自压喷灌的方式实现喷灌，是山丘区常见的一种形式。其原因一般是供电没有保证，利用用电低峰将水扬至蓄水池，灌溉时不再依赖供电状况。另外，利用风力扬水，因动力不大，往往也采用这种形式积"小水"为"大用"。总之，在山丘区利用自然水头或其他自然能源，甚至错开用电高峰期都是值得大力提倡的。自压喷灌依赖于一定的地形条件，反过来，复杂的地形条件也给自压喷灌带来了一些特殊的问题。例如，系统压力随高程变化而变化，往往相差悬殊，规划设计中要考虑压力分区的问题，有时还要考虑减压、调压的问题等。这些技术问题并不难解决，但决不能忽视。

2. 管道式喷灌系统和机组式喷灌系统

（1）管道式喷灌系统。管道式喷灌系统以管道为主要材料，通过工程措施形成完整的灌溉系统。为适应不同要求，管道式喷灌系统常分为固定管道式喷灌系统、半固定管道式喷灌系统和移动管道式喷灌系统。

固定管道式喷灌系统除喷头外，各组成部分在灌溉季节或长年均固定不动，干管和支管多埋设在地下，喷头装在由支管接出的竖管上。固定管道式喷灌系统使用时操作方便，易于管理和养护，生产效率高，运行成本低，工程占地少，也便于综合利用和实现灌溉的自动控制。由于喷灌设备固定在一个地块上且需要大量管材，所以单位面积投资高，设备利用率低。另外，固定在田间的竖管，对机械耕作有一定的妨碍作用。因此，固定管道式喷灌系统适用于经济发展水平高、劳力紧张、灌溉频繁的经济作物区，以及城市园林、花卉、草地的灌溉。

半固定管道式喷灌系统的主要设备，如动力机、水泵及干管，都是固定的，在干管上装有许多给水栓，支管和喷头是移动的，在一个位置接上给水栓进行喷灌，喷灌完毕，即可移动到下一个位置。移动的方式有人力搬移、滚移式，由拖拉机或绞车牵引的端拖式，由小发动机驱动做间歇移动的动力滚移式、绞盘式，以及自走的平移式等。支管可以移动，提高了设备利用率，从而减少了设备数量，降低了系统投资。为便于移动支管，管材应为轻型管材，并且配有各类快速接头和轻便的连接件、给水栓。这样大大减少了支管用量，从而使每公顷投资仅为固定管道式喷灌系统的 50％～70％。但是移动支管需要较多人力，并且如果管理不善，支管容易损坏。为了避免或减少因支管移动带来的费工、支管受损等情况的发生，近年发明了一些由机械移动支管的方式，可以部分或完全弥补这一缺点。

移动管道式喷灌系统是指除水源外，动力机、水泵、干管、支管和喷头等都是可以移动的。这样在一个灌溉季节里，一套设备可以在不同地块上轮流使用，提高设备利用率，降低单位面积投资，但工作效率和自动化程度低。另外，移动管道系统，劳动强度大，田间渠道占地多，管理比较困难。常用的类型中，有的是动力机和水泵装在手推车或手架上的轻小型喷灌机，其喷头装在轻便三脚架上，通过软管同水泵连接；有的是将水泵同喷头装在手扶拖拉机上的小型喷灌机，由手扶拖拉机的动力输出装置驱动水泵作业；有的是装在中、大型拖拉机上的双悬臂式喷灌机。移动管道式喷灌系统适用于灌溉次数较少的大田作物和小块地段。

（2）机组式喷灌系统。机组式喷灌系统由喷头、管道、加压泵及动力机等部件组成，集加压、行走、喷洒于一体。喷灌机组简称喷灌机，是将喷灌系统中相关部件组装成一体，组成可移动的机组进行作业，其组成一般是在手抬式或手推式拖拉机上安装一个或多个喷头、水泵、管道，以电动机或柴油机为动力，进行喷洒灌溉。其结构紧凑、机动灵活、机械利用率高，能够一机多用，单位喷灌面积的投资低。喷灌机必须与水源及必要的供水设施等组成喷灌系统才能正常工作。喷灌机的制造在工厂完成，具有集成度高、配套完整、机动性好、设备利用率和生产效率高等优点。喷灌机按其工作特点和运行方式分为定喷式和行喷式两类。

定喷式喷灌机组是指喷灌机工作时，在一个固定的位置进行喷洒，达到灌水定额后，按预定好的程序移动到另一个位置进行喷洒，在灌水周期内灌完计划的面积。定喷式喷灌机组包括手推(抬)式喷灌机、拖拉机悬挂式喷灌机、滚移式喷灌机等。手推(抬)式喷灌机的特点是水泵和动力机安装在一个特制的机架上，动力机一般采用小功率电动机和柴油机，水泵、管道、喷头大多采用快速接头连接，可在田间整体搬移。拖拉机悬挂式喷灌机是将喷灌泵安装在拖拉机上，利用拖拉机的动力，通过皮带传动装置带动喷灌泵工作的一种喷灌机组。拖拉机悬挂式喷灌机，除在田间有渠道网的配套工程外，还需在渠道边配机耕道。滚移式喷灌机也称滚轮式喷灌机，是一种大型半机械化喷灌机组，主要特点是整条输水支管机动滚移，采取"步步为营"的田间作业方式，工作循环为定点喷灌—泄水滚移—定点喷灌。滚移式喷灌机结构简单、适应性强、易于操控、维护保养简便，是较为适合我国农田节水灌溉的喷灌机型。但是由于受到机械离地面间隙高度的限制，滚移式喷灌机不适用于玉米、高粱等高秆作物。滚移式喷灌机适用于矮秆作物如蔬菜、小麦等，且要求所灌溉地形比较平坦。

行喷式喷灌机组是喷灌机组在喷灌过程中一边喷洒一边移动或转动，在灌水周期内灌完计划的面积。行喷式喷灌机组包括中心支轴式喷灌机、平移式喷灌机、卷盘式喷灌机，卷盘式喷灌机又包括钢索牵引卷盘式喷灌机、软管牵引卷盘式喷灌机两种。

中心支轴式喷灌机又称时针式或圆形喷灌机，其控制面积大多是圆形，水源多为固定的机井，一个系统配置一眼机井，若供水量不足，也可采用多井联合通过蓄水池供水。中心支轴式喷灌机的喷水管为竹节状的薄壁金属软管，中心塔架在机井或蓄水池位置，整个塔架、喷头可绕中心支轴按预先设定的速度在灌区内旋转，实施喷灌。中心控制箱负责控制供水，塔车控制箱则用以调整塔的行走。当机组不带角臂装置时，为了提高土地利用率和达到最大喷洒控制面积，多台机组应布置成梅花形，也可在几个圆交会喷不到的地块处布置其他灌溉设备。中心支轴式喷灌机自动化程度高，可节省大量劳动力，与地面灌溉相比可省工90%以上，与其他喷灌机相比，可省工25%～75%，一人可同时操作8～12台喷灌机，工作效率高；不需要平整土地，节省大量费用并减少环境破坏；采用低压喷头并低垂安装，降低能耗，提高抗风能力；使用寿命长，通常在20年以上，运行与维修、维护费用低。但是，中心支轴式喷灌机的喷灌形状为圆形，对于方形地块地角漏喷面积达22%，若配备角臂装置成本较高；喷灌机末端喷头的喷灌强度较大，选配不当容易产生短时间的地表径流。因此，中心支轴式喷灌机适用于地形较平坦、连片的大块耕地、草原，作物种类统一，地面无树木、线路和其他障碍物；水资源相对丰富、地下水开采较容易的地区；规模化、集约化、规范化生产且具有专业技术服务队伍的农业、农机、现代农业合作社等。中心支轴式喷灌机几乎适用于灌溉各种质地的土壤，以及各种大田作物、经济作物等，特别适用于对土壤水分胁迫敏感的作物。

平移式喷灌机主要由水泵、输水管道、喷水管道以及行进部分组成，通过软管由渠道或固定干管上的给水栓供水。由干管供水时，喷灌机行走一定距离后要移动软管，改接在下一个水栓上，因而自动化程度较低，但喷灌过程中不会遗漏边角位置。平移式喷灌机外形和中心支轴式喷灌机很相似，也是由十几个塔架支撑一根很长的喷洒支管，一边行走一边喷洒。但它的运动方式和中心支轴式不同，中心支轴式的支管是转动，而平移式的支管是横向平移。与中心支轴式喷灌机相比，平移式喷灌机喷灌形状为条形，对于方形和长方形地块无漏喷现象。但是，平移式喷灌机喷洒时整机只能沿垂直支管方向做直线移动，而不能沿支管方向移动，相邻塔架间也不能转动。为此，平移式喷灌机在运行中必须有导向设备。另外，平移式喷灌机取水的中心塔架是在不断移动的，因而取水点的位置也在不断变化。平移式喷灌机结构较复杂，单位面积投资稍高；软管供水需人工拆接、搬移软管，自动化程度低；渠道供水对地块平整度、渠道防淤堵性要求高。平移式喷灌机与中心支轴式喷灌机的适用条件基本相同，但是对单机要求供水量达到 80 米³/时以上。平移式喷灌机适用于牧草、谷类及蔬菜、甘蔗、棉花等经济作物。

卷盘式喷灌机又称绞盘式或卷筒式喷灌机，它的输水管采用 PE 软管，软管盘在一个大绞盘上。在喷洒作业时利用喷灌压力水驱动卷盘、带动旋转底盘、牵引远射程喷头，沿管自行移动、喷洒。灌溉时逐渐将软管收卷在绞盘上，喷头边走边喷，灌溉一个宽度为两倍射程的矩形田块。卷盘式喷灌系统的供水水源大多是通过压力管道将水送到田边，由设在压力管道上的给水栓向喷灌机供水，一般喷灌机上不再另设加压装置，故压力管道供至给水栓处的水应保证有足够的入机压力。卷盘式喷灌机采用水涡轮驱动的全机械化喷灌设备，可以实现一人看管多台的工作，且喷灌面积很大，每台喷灌机只需原地移动一下方向就可灌溉面积达 500 亩左右，不需要转移喷灌机，大大提高了作业效率，不仅节省了大量的人力、物力，同时也节省了时间，达到了真正意义上的节本省工。此外，卷盘式喷灌机还具有其他优点：灌溉均匀、深浅一致，不会出现漏喷、积水等现象，有效地提高了土地利用率，有利于作物生长；适应性强，对地形没有特殊要求；结构简单、紧凑，构件结实，不易损坏。但是，卷盘式喷灌机耗能较大，机行道较宽；软管工作条件差，带水管道容易受损；喷灌强度较大，且受风的影响较大。卷盘式喷灌机主要适用于大面积的农田、电厂、港口、运动场、城市绿地等场地。

（三）喷灌系统的特点

1. 喷灌系统的优点

（1）省水。喷灌输水损失很小，可以控制喷洒水量和均匀性，避免产生地面径流和深层渗漏，使水的利用率大为提高，一般比地面灌溉节省水量 30%～50%。对于透水性强、保水能力差的沙质土地，节水效果更为明显，用同样的水能浇灌更多的土地。对于可能产生次生盐碱化的地区，采用喷灌的方法，可严格控制湿润深度，消除深层渗漏，防止地下水位上升和次生盐碱化。同时，省水还意味着节省动力，可以降低灌水成本。

（2）省工。喷灌提高了灌溉机械化程度，大大减轻了灌水劳动强度，便于实现机械化、自动化，可以节省大量劳动力。喷灌取消了田间的输水沟渠，减少了杂草生长，免除了整修沟渠和清除杂草的工作，不仅有利于机械作业，而且大大减少了田间劳动力使用量。喷灌可以结合施入化肥和农药，省去不少劳动力使用量。据统计，喷灌所需的劳动量仅为地面灌溉的1/5。

（3）节约用地。采用喷灌可以大量减少土石方工程，无须田间的灌水沟渠和畦埂，可以腾出田间沟渠占地，增加了实际播种面积。喷灌比地面灌溉更能充分利用耕地，提高土地利用率，一般可增加耕种面积7%～10%。

（4）增产。喷灌可以采用较小的灌水定额进行浅浇勤灌，便于严格控制土壤水分，使土壤湿度维持在作物生长最适宜的范围，使土壤疏松多孔、通气性好，保持土壤肥力，既不破坏土壤团粒结构，又可促进作物根系在浅层发育，有利于充分利用土壤表层的肥分。喷灌可以调节田间的小气候，增加近地表空气湿度，在炎热的季节可以调节叶面温度，冲洗叶面尘土，有利于植物的呼吸和光合作用，达到增产效果。大田作物可增产20%，经济作物可增产30%，蔬菜可增产1～2倍，同时还可以改变产品的品质。

（5）适应性强。喷灌一个突出的优点是可用于各种类型的土壤和作物，受地形条件的限制小，不需要像地面灌溉那样进行土地平整，在坡地和起伏不平的地面均可进行喷灌。在地面灌水方法难以实现的场合，都可以采用喷灌的方法。特别是在土层薄、透水性强的沙质土，非常适合使用喷灌。在地下水位高的地区，地面灌溉使土壤过湿，易引起土壤盐碱化，用喷灌来调节上层土壤的水分状况，可避免盐碱化的发生。喷灌不仅适合所有大田作物，而且对于各种经济作物也可以产生很好的经济效果，如谷物、蔬菜、香菇、木耳、药材。同时，喷灌兼具喷洒肥料、喷洒农药、防霜冻、防暑降温和防尘等功能。

2. 喷灌系统的缺点

（1）投资较高。喷灌需要一定的压力、动力设备和管道材料，对设备的耐压要求高，单位面积投资较大，成本较高。与地面灌溉相比，喷灌投资较高。目前，半固定式喷灌如不计输变电和人工杂费，一般每亩 300～500 元，全包括 500～800 元；固定式喷灌更高，有的高达 1 000 元/亩。喷灌系统投资还与自动化程度有关，自动化程度越高，需要的先进设备越多，投资越高。成本是制约喷灌大面积推广的一个重要因素。

（2）能耗较大。喷灌要利用水的压力使水流破碎成水滴并且喷洒到规定的范围内，系统需要加压设备提供一定的压力，才能保证喷头的正常工作，达到均匀灌水的要求。在没有自然水压的情况下只能通过水泵进行加压，所需压力通过消耗能源获得，所需压力越高，耗能越大，灌溉成本就越高。

（3）风对喷洒作业影响较大。喷灌时，灌溉水通过喷嘴击碎喷出，无论是射程多少的喷灌设备，一定会有大量水分被雾化、汽化而变得很轻，如果此时有风吹过，会直接破坏水的自然散落轨道，而且会大大加快水分的自然蒸发，严重影响喷灌均匀度和设备的喷灌能力。如果持续在有风的环境下喷灌，就会出现部分区域土壤表面积水多、部分区域干涸无水，最终使得作物减产。当风速在 5.5～7.9 米/秒即四级风以上时，能吹散水滴，使灌溉均匀性大大降低，飘移损失也会增大。当风速小于 4.5 米/秒即三级风时，蒸发飘移损失小于 10%；当风速增至 9 米/秒时，损失达 30%。因此，在实际喷灌过程中，如果风力大于三级，那么建议停止喷灌，待无风时继续。如果本地区常年多风，又选择了喷灌设备进行灌溉，那在设计规划喷灌设备的阶段就要充分考虑风的不利影响，通过交替、错位、提前预估偏差量等方式来纠正灌溉效果。如果风力多变不稳定，那就要考虑换为其他的灌溉方法了。

（4）喷灌质量易受湿度影响。如果灌溉地区空气湿度过低，那么喷灌水分的自然蒸发损失就会加大，灌溉水的利用系数相应减小，这不符合节水灌溉的理念。因此，如果白天空气湿度过低，那就选在夜晚进行喷灌，尽量能保证最佳的喷灌效果。

（5）深层湿润不足。喷灌的灌水强度较大，高于土壤入渗速率，水分来不及移动到土壤下层，因而存在表层湿润较多而深层湿润不足的缺点，对深根作物不利。如果采用低强度喷灌，使喷头的平均喷灌强度远低于土壤入渗速率，这样使喷洒的水分能充分地渗入土壤下层，而不会产生积水和地表径流。

二、喷灌设备分类与选型

喷灌系统主要由水源动力机、水泵、管道系统和喷头等部分组成。水源动力机、水泵辅以调压和安全设备构成喷灌泵站。与泵站连接的各级管道和闸阀、安全阀、排气阀等构成输水系统。

（一）喷头

喷头的作用是将有压的灌溉水流进行均匀的喷洒，是喷灌系统的关键设备。喷头的结构形式、制造质量以及使用是否得当，都是影响喷灌效果的重要因素。

1. 喷头的分类与性能

按工作压力或射程大小，喷头可分为低压喷头、中压喷头和高压喷头；按结构形式和喷洒特征，喷头可分为固定式喷头、旋转式喷头和喷洒孔管3类。

低压喷头工作压力为0.1~0.2兆帕，射程为5~14米，又称近射程喷头；低压喷头射程近，水滴打击强度低，主要用于草坪、温室、苗圃、菜地、自压喷灌的低压区或行喷式喷灌机等。中压喷头工作压力为0.2~0.5兆帕，射程为14~40米，又称中射程喷头；中压喷头喷洒强度适中，适用范围广，果园、草地、菜地及经济作物均可使用。高压喷头工作压力为0.5~0.8兆帕，射程在40米以上，又称远射程喷头；高压喷头喷洒范围大，水滴打击强度也大，用于喷洒质量要求不高的大田作物和牧草等。我国使用最普遍的喷头是中射程喷头，其耗能少，喷洒质量较好。

（1）固定式喷头。在喷洒时，所有部件无相对运动。喷出的水流呈圆形或扇形向四周散开。固定式喷头结果简单，工作可靠，雾化程度高，但是水流分散，射程小，喷灌强度大，水量分布不均匀，喷孔容易被堵塞。固定式喷头多用于公园、苗圃、菜地和温室等。根据结构和喷洒特点，固定式喷头可分为折射式、缝隙式和离心式3种。折射式喷头是由喷嘴垂直向上喷出的水流，遇折射锥后被击散成薄水层沿四周射出，并形成细小喷洒水滴的喷洒器。折射式喷头是一种结构简单、没有运动部件的固定式喷头，有外支架式、内支架式和扇形喷洒式等类型。折射式喷头压力较低，广泛用于苗圃、花园的固定式灌溉系统和半固定式喷灌系统的自走式喷灌机上。缝隙式喷头是在喷嘴出口端开出一定形状的缝隙，使水流以一定的喷洒形状散成均匀分布的水滴，缝隙与水平面成30°角，使水舌喷射较远，形状多为扇形。缝隙式喷头结构简单、加工方便，一般是金属材质。但是其工作可靠性比折射式要差，因为缝隙容易被污物堵塞，所以对水质要求较高；喷洒质量差，其结构和植保农药喷头类似。离心式喷头是由喷管和喷嘴的蜗形外壳组成，水流沿蜗壳内壁表面的切线方向进入蜗壳，使水流绕垂直轴旋转。经喷嘴喷射出的水膜同时具有离心速度和圆周速度，所以水膜离开喷嘴后就向四周散开，在空气阻力作用下，水膜被粉碎成水滴散落在喷头的四周。离心式喷头材料多为金属，目前在市场上较为少见。

（2）旋转式喷头。又称为射流式喷头，一般由喷嘴、喷管、粉碎机构、扇形机构、弯头、空心轴和轴套等部分组成。旋转式喷头的特点是边喷洒边旋转，水从喷嘴喷出时形成一股集中的水舌，故射程较远，流量范围大，喷灌强度较低，是中射程和远射程喷头的基本形式。目前，我国在农业上应用的喷头基本上都是这种形式。旋转式喷头如果安装不平或有风时旋转不匀，主要适用于中远程喷洒、田边地角、大田作物等情况。扇形机构和转动机构是旋转式喷头的最重要组成部分，因此常根据转动机构的特点将旋转式喷头分为摇臂式、叶轮式、齿轮式和反作用式等，其中摇臂式喷头使用最广泛。

摇臂式喷头的转动机构是一个装有弹簧的摇臂，在摇臂的前端有一个偏流板和一个勺形导水片，喷水前偏流板和导水片置于喷嘴正前方。当开始喷水时，水舌通过偏流板或直接冲到导水片上，并从侧面喷出，水流的冲击力使摇臂转动并把摇臂弹簧拉紧，然后在弹簧力的作用下摇臂又回位，使偏流板和导水片切入水舌；在摇臂惯性力和水舌对偏流板的附加力的作用下，敲击喷体（即弯头、喷管、喷嘴等组成的一个可以转动的整体），使喷管转动 3°～5°，于是又进入第二个循环，如此往复，使喷头不断地旋转喷洒。摇臂式喷头喷洒范围可以是圆形，也可以是扇形。为了控制喷洒面积呈扇形，需在这类喷头上安装换向机构，喷头不断往返成扇形旋转。摇臂的作用有两个：第一，接受喷嘴射流所施加的能量，驱击喷管，从而使喷头旋转；第二，挡水板周期性地切入射流并击碎水柱，使喷洒水量得到均匀分布。摇臂式喷头的缺点是在有风和安装不平的情况下，旋转速度不均匀，影响喷灌质量。但它结构简单，维修方便，便于推广，使用最普遍。

叶轮式喷头也称为蜗轮蜗杆式喷头，是靠喷嘴射出的水舌冲击安装在喷嘴前的叶轮，驱动转动机构使喷体绕轴旋转的喷头。叶轮式喷头驱动力矩大，由于蜗轮蜗杆自锁作用，使转速平稳，不受震动和风的影响；安装条件要求低，可以直接装在拖拉机上做移动机组用，也可以装在坡地的倾斜竖管上，并可适当改善水量分布的均匀性。但缺点是结构复杂，制造工艺高，叶轮会破坏射流的连续性，射程有所减少。在高速射流冲击下，叶轮转速高达 1 000～2 000 转/分，喷头旋转速度仅有 1～5 转/分，减速比较大，靠两级蜗轮蜗杆减速，因此推广受到限制。

齿轮式喷头是利用喷射水柱冲击水润滑齿轮驱动器，驱动喷嘴绕轴旋转进行喷洒的喷头，广泛应用于草坪灌溉。

反作用式喷头是利用偏置喷嘴方法，使水舌离开喷嘴时对喷头的反作用力直接推动喷管旋转的喷头。喷头受力状况优于水平摇臂式喷头，但转速不稳定，风向、风速变化对喷洒性能影响较大。反作用式喷头结构一般比较简单，但其缺点是工作不可靠，所以推广受到很大限制。全射流喷头也属于反作用式喷头，完成喷头均匀喷洒和正反均匀旋转的核心工作部件——射流元件。全射流喷头是利用射流元件的附壁效应，将喷嘴作为射流元件，使水流偏离喷嘴中心轴线，从而形成水流对喷头的反作用力矩，推动喷头旋转。全射流喷头运动部件少，无撞击部件，构造简单，喷洒性能好；但喷嘴直径不能更换，工作范围窄，工作孔窄、易堵且不易加工。

（3）喷洒孔管。又称为孔管式喷头，是由一根或几根较小直径的管子组成，在管子的顶部分布有一些小喷孔，水流朝一个方向喷出并装有自动摇摆器，水滴的破碎主要是通过空气阻力和喷孔处的水压作用。孔管式喷头结构简单，成本较小，安装方便，技术要求相对其他喷头要低；水滴直径小，对作物叶面打击强度小，可实现局部灌溉；同时，喷头压力较低，容易实现和应用。孔管式喷头的缺点是喷灌强度较高，水舌细小，受风的影响大；孔口小，抗堵塞能力差；工作压力低，支管内实际压力受地形起伏的影响大，通常只能应用于比较平坦的土地。孔管式喷头一般用于果园、菜地、温室、苗圃及矮秆作物的喷灌。孔管式喷头可分为单孔管和多孔管等。

单孔管的喷水孔呈直线等距排列，喷水孔间距为 60～150 厘米，两根孔管间距离为 16 米，孔管支架建在田间，借助于自动摆动器可在 0～90°范围内绕管轴旋转，因此孔管两侧均可以喷到。单孔管多为固定式，主要用于苗圃及菜地的喷灌。单孔管喷头操作简单，效率高，但是投资成本高，而且架在田间的支架对耕作及其他田间作业有一定的影响。

多孔管喷头由可移动的轻便管子组成，在管子的顶端开有许多小孔，孔的排列形式能保证两侧 6～15 米宽的地面被均匀地喷洒到。多孔管喷头的工作压力较低，较适用于利用自然压力进行喷灌的地区，而且它不需要自动摆动器，结构比单孔管喷头简单得多。

2. 喷头的选型

喷头选型是喷灌系统规划设计的重要环节之一。根据喷灌区域的地形、地貌、土壤、植物、气象和水源等条件，选择喷头的类型和性能，以满足规划设计的要求。换句话说，规划设计喷头的选型实际上是对喷头类型和性能的选择。正确的喷头选型不但能满足喷头系统的技术要求，发挥喷灌的优势，而且有利于降低喷灌系统的工程造价和运行管理费用。选择喷头的类型时，主要应考虑以下因素：

（1）喷灌区域大小。面积狭小的喷灌区域适合采用近射程喷头，这类喷头多为固定式的散射喷头，具有良好的水形和雾化效果；喷灌区域的面积较大时，使用中、远射程喷头，有利于降低喷灌工程的综合造价。

（2）供水压力。不同类型喷头的工作压力也不相同。如果是自压型喷灌系统，应根据供水压力的大小选择喷头类型。当供水压力较低时，可选用近射程喷头，保证喷头的正常工作压力；供水压力较大时，可选用中射程喷头，有利于降低工程造价。对于加压型喷灌系统，喷头工作压力的选择也应适当。太低的工作压力会增加喷灌系统的工程造价，太高的工作压力则会增加喷灌系统的运行费用。喷头选定后，需要通过水力计算确定管网的水头损失、核算供水压力能否满足设计要求。

（3）地貌及种植状况。如果喷灌区域地貌复杂、构筑物较多，且不同植物的需水量相差较大，采用近射程喷头可以较好地控制喷洒范围，满足不同植物的需水要求；如果绿地空旷、种植单一，采用中、远射程喷头可以降低工程造价。

（4）土壤的允许喷灌强度。土壤的允许喷灌强度是影响喷头选型的主要因素之一。喷灌强度是指单位时间内喷洒在地面上的水量。对于喷灌强度的要求是，水落到地面后能立即渗入土壤而不出现积水和地面径流，即要求喷头的组合喷灌强度应小于或等于土壤水的入渗速率。另外，土壤的允许喷灌强度随着地形坡度的增加而显著减小。如坡度大于12%时，土壤的允许喷灌强度将降低50%以上。因此，起伏地形的工程，在喷头选型时需格外注意。

（二）喷灌管道、连接件的选择

管道是喷灌系统的主要组成部分，按其使用条件分为固定式管道和移动式管道。对喷灌用管道的要求是能承受设计要求的工作压力和通过设计流量，且不造成过大的水头损失，经济耐用，耐腐蚀，便于运输、施工和安装。对移动式管道还要求轻便、耐撞击、耐磨和能经受风吹日晒。管道在喷灌工程中需要的数量多，占投资的比重大，因此，必须因地制宜、经济合理地选用管材。

1. 固定式管道

常用的固定式管道有钢管、铸铁管、钢筋混凝土管、石棉水泥管、塑料管等，管径一般为50~300毫米。

（1）钢管。钢管的优点是能承受较大的压力，承压1.5~6.0兆帕。与铸铁管相比，钢管的韧性强，能承受动载荷，管壁较薄，节省材料，管段长而接头少，铺设安装方便。钢管的缺点是价格高，使用寿命短，寿命约为20年，容易腐蚀。因此，埋设在地下时钢管表面应涂有良好的防腐层。常用的钢管有无缝钢管、水煤气钢管和焊接钢管。

（2）铸铁管。铸铁管的优点是承受内水的压力大，一般可承压1兆帕，工作可靠，使用寿命长，一般可使用30~60年。其缺点是质地脆，管壁厚，重量大，不能经受较大的动载荷，比钢管要多花1.5~2.5倍的材料，每节管子有效长度为3~4米，仅为钢管的1/4~1/3，因此接头较多，增加施工的工作量。另外，长期输水后，铸铁管内壁会腐蚀产生锈瘤，使内径逐渐变小，水流受到的阻力增加，从而降低管道的过水能力。

铸铁管的接口有法兰接口和承插接口两种，一般明设管道采用法兰接口，埋设地下时用承插接口。按加工方法和接头形式，铸铁管可分为铸铁承插直管、砂型离心铸铁管和铸铁法兰直管。按承受压力大小，铸铁管可分为低压管、普压管和高压管，其工作压力分别为不大于450千帕、450~750千帕和750~1 000千帕。实际应用中，喷灌一般多采用普压管或高压管。

（3）钢筋混凝土管。钢筋混凝土管有自应力钢筋混凝土管和预应力钢筋混凝土管两种，可以承受400~700千帕的工作压力。钢筋混凝土管的优点是节省钢材和生铁，且不会因锈蚀使输水性能降低，使用寿命可长达40~60年及以上；其缺点是质地脆、自重大、运输不便、价格较高等。

（4）石棉水泥管。石棉水泥管是用 75％～85％的水泥和 15％～25％的石棉纤维混合后经制管机卷制而成的，承压力在 600 千帕以下，直径规格为 75～500 毫米，管长为 2～5 米。石棉水泥管具有耐腐蚀、重量轻、便于搬运和铺设、输水能力较稳定、可加工性能好等优点；缺点是质地脆、抗冲击能力差、运输中易损坏、质量不均等。

（5）塑料管。喷灌中常用的塑料管有硬聚氯乙烯管、聚乙烯管和聚丙烯管等，硬聚氯乙烯承插管的使用最为普遍。塑料管的承压力按壁厚和管径不同而异，一般为 0.25～1.25 兆帕。

塑料管的优点是耐腐蚀，使用寿命长达 20 年以上，重量轻，内壁光滑，水力性能好，使用容易，而且能适应一定的不均匀沉陷等。塑料管的缺点是低温条件下质地脆，易老化，但是埋在地下可减缓其老化的速度。塑料管的连接形式有刚性连接和柔性连接两种。刚性连接有法兰连接、承插连接、黏接和焊接等，柔性连接多为铸铁管套橡胶圈止水的承插式连接。

2. 移动式管道

移动式管道由于要经常移动，除了要满足一般的要求外，还必须要轻便、易拆装、耐磨、耐撞击等。常用的移动式管道有塑料管、铝合金管和镀锌薄壁钢管等。

（1）塑料管。常用作移动式管道的塑料管有硬管、软管和半软管。硬管和半软管的规格特点与固定式管道基本相同。但是由于管道经常暴露在外面，管道的抗老化性能要强，因此，常在管子材料中掺入炭黑做成黑色管子。一般每节管长 4～6 米，用快速接头连接。常用的塑料软管有锦纶塑料管和维塑软管两种，这两种管子重量轻，便于移动，价格低，但是容易老化，不耐磨，而且怕扎、怕折，一般只能使用 2～3 年。

（2）铝合金管。铝合金管具有强度高、重量轻、耐腐蚀、搬运方便、材料能回收等特点。铝合金的相对密度为 2.8，约为钢的1/3，单位长度的重量仅为水煤气管的 1/7，比镀锌钢管还轻，正常情况下使用寿命可达 15～20 年；缺点是价格较高，管壁薄，弹性较差，容易碰瘪，不易修补。

（3）镀锌薄壁钢管。镀锌薄壁钢管是用厚度为 0.7～1.5 毫米的带钢卷焊而成的。在管端配上快速接头，然后经过镀锌处理后能防止生锈。镀锌薄壁钢管的优点是强度高、韧性好，能经受野外恶劣条件下由水和空气引起的腐蚀，使用寿命长。但是由于镀锌质量要求较高，不易符合要求，会影响管道的使用寿命，而且价格较高，重量也较铝合金管、塑料管大，移动不如铝合金管、塑料管方便。

（三）喷灌附属设备的选择

喷灌系统中还会用到一些附属工程和附属设备。例如，从河流、湖泊、渠道取水，则应设拦污设施；为了保护喷灌系统的安全运行，必要时应设置空气阀、调压阀、安全阀等；在灌溉季节结束后应排空管道中的水，需设泄水阀，以保证喷灌系统安全越冬；为观察喷灌系统的运行状况，在水泵进出水管道上应设置真空表、压力表和水表；在管道上还要设置必要的闸阀，以便配水和检修；考虑综合利用时，如喷洒农药和肥料，应在干管或支管上端设置调配和注入设备。喷灌工程中的管道附件主要为控制件和连接件。

1. 控制件

控制件的作用是根据喷灌系统的要求，控制管道系统中水流的流量和压力，确保管道系统的运行安全，如阀门、逆止阀、安全阀、空气阀、减压阀、流量调节器、水锤消除器等。

（1）阀门。阀门是用来控制管道启闭和调节流量的，按工作压力大小可以可分为低压阀门、中压阀门、高压阀门等，喷灌系统中一般使用低压阀门。按其结构不同，有闸阀、蝶阀、截止阀几种，采用螺纹或法兰连接，一般手动驱动。给水栓是半固定式喷灌系统和移动式喷灌系统的专用阀门，常用于连接固定式管道和移动式管道，控制水流的通断。阀门的优点是阻力小，开关力小，水可从两个方向流动；缺点是结构较为复杂，密封面容易被擦伤而影响止水功能，高度较高。

（2）安全阀。安全阀在管内压力上升时，能够自动开启，从而防止水锤事故的发生。安全阀一般安装在管道始端和容易产生水柱分离处，常用的安全阀有弹簧式、杠杆式和开放式等。

（3）减压阀。减压阀的作用是在系统或管道内的水压超过规定的工作压力时，能自动打开以降低压力。如在地势很陡、管轴线急剧下降、管内水流压力上升超过了喷头的工作压力或管道的允许压力时，就需要减压阀来适当降低系统压力。喷灌系统适用的减压阀有薄膜式、弹簧薄膜式和波纹管式等几种。减压阀一般安装在地形较陡或管线急剧下降处的最低端，或当自压喷灌中压力过高时安装于田间管道入口处。

（4）空气阀。空气阀的作用是当管道内存有空气时，能自动打开通气口。当管内充水时进行排气，并在管内充满水后自动关闭。当管内产生真空时，在大气压力作用下打开出水口，使空气进入管内，防止管内产生负压。它一般安装在系统的最高部位和管道隆起的顶部，可以在系统充水时将空气排出。

（5）球阀。球阀多安装在竖管上，用来控制喷头的开启或关闭，而且可以起到关闭移动支管接口的作用。球阀的优点是结构简单，体积小，重量轻，对水流阻力小；缺点是启闭速度不易控制，从而使支管内产生较大的水锤压力。

2. 连接件

连接件是根据需要将管道连接成一定形状的管网，也称为管件，如弯头、三通、四通、异径管、堵头等。不同管材配套不同的连接件。塑料连接件规格和类型比较系列化，能够满足使用要求，在市场中一般能够购置齐全。钢制连接件通常需要根据实际情况加以制造。

（1）三通和四通。主要用于上一级管道和下一级管道的连接，对于单向分水的用三通，对于双向分水的用四通。

（2）弯头。弯头主要用于管道转弯或坡度改变处的管道连接。一般按转弯的中心角大小分类，常用的有 90°、45°等。

（3）异径管。又称大小头，用于连接不同管径的直管段。

（4）堵头。用于封闭管道的末端。

三、喷灌系统规划设计

喷灌系统规划是在综合分析设计资料的基础上，通过技术经济比较确定的喷灌系统总体设计方案。喷灌系统的规划是系统设计的前提，只有在合理的、切实可行的规划基础上，才能作出经济合理的设计。

（一）喷灌系统规划设计原则

喷灌工程规划必须全面了解和掌握灌区的水源、气象、地形、土壤、作物等基本情况，并遵循以下原则：

（1）喷灌工程规划设计应符合当地水资源开发利用的规划，符合农业、林业、牧业、园林绿地规划的要求，并与灌排设施、道路、林带、供电等系统建设相结合，与土地整理复垦规划、农业结构调整规划相结合，采用的喷灌技术应与农作物品种、栽培技术相适应。

（2）在经济作物、园林绿地及蔬菜、果树、花卉等高附加值的作物种植区，灌溉水源缺乏的地区，高扬程提水灌区，受土壤或地形限制难以实施地面灌溉的地区，有自压喷灌条件的地区，集中连片作物种植区，以及技术水平较高的地区，可以优先发展喷灌工程。

（3）喷灌工程规划应注意经济效益，在保证喷洒质量、管理方便的前提下，应尽量降低工程造价和运行费用，尽可能考虑喷灌设备的综合利用，使其发挥更大的效益。

（二）基本资料收集

喷灌系统规划设计必须建立在可靠的基本资料的基础上，所需的基本资料必须深入灌区进行收集。灌区基本资料是进行设施灌溉工程规划的依据。

1. 地形资料

喷灌系统的规划布置中，各级管道压力的计算、水泵安装高度及扬程的计算或田间管道的布置等都需要灌区的地形资料。地形不仅反映灌区不同地物的分布形式，而且反映地面坡度状况。因此，地形对灌溉系统的总体规划和布置形式有很大的影响，是灌溉系统合理规划设计的必需资料。较大灌区的喷灌规划，应采用1∶1 000～1∶10 000的地形图；具体地块的喷灌设计，最好采用1∶500～1∶1 000的地形图；地势平坦的小面积灌区，至少要有平面位置图和地面高程、水源水位等资料。

2. 土壤资料

作物从土壤中吸收水分和养分，在喷灌系统规划时，确定作物需水量及灌溉制度、确定喷头组合喷灌强度等都与土壤有着密切的关系。因此，必须收集和掌握灌区实际的土壤资料，包括土壤质地、土壤容重、土壤水分常数、土壤允许入渗速率等。例如，土壤入渗速率是设计喷头强度和灌水量的重要依据。不同质地土壤的入渗速率不同，沙质土入渗速率大，喷灌强度可以相对大一些，但因透水率大，每次的喷灌量不宜太大，以免引起深层渗漏。

3. 水源资料

水源是喷灌系统设计的前提。河流、渠道、蓄水池、塘坝等各类水源均可作为喷灌工程的水源，需要了解它们的年均水量、水位变动及水质情况，特别是灌溉季节的情况。根据收集的水源资料，进行水文分析计算，得到喷灌系统规划设计的设计流量和设计水量，确定灌溉面积及系统所需扬程，确定是否需要规划蓄、提、引水工程及其规模。另外，需要分析现有水源的流量、水位和水质是否符合灌溉系统的要求。

4. 作物资料

喷灌工程的设计必须了解灌区作物的种类、种植面积、种植方式、布局和结构、复种指数及作物根系主要的活动深度等，据此可确定水源工程、喷灌规模、作物所需的雾化指标范围等。同时，喷灌应了解作物茎秆高度，以确定合理的竖管高度，果园还应了解果树行距，以确定合理的灌水器间距。

5. 气象资料

收集降水、气温、地温、风向、风力等与喷灌有密切关系的农业气象资料，据此可以分析确定喷灌任务、喷灌制度、喷灌作业方法、田间喷灌管网的合理布局。喷灌的水量分布受风的影响很大，因此必须掌握灌溉季节的主风向，最大、最小和常见风速等资料，以便选择设计风向和风速，作为喷头选型和确定喷洒方式、喷头组合、管道布置等的依据。

（三）管道的布置

喷灌系统的管道一般由干管、分干管和支管三级组成，喷头通常通过竖管安装在最末一级管道上。管道系统需要根据水源位置、灌区地形、喷头组合间距、作物分布、耕作方向和主风向等条件进行布置。

1. 布置原则

（1）管道总长度最短、水头损失最小、管径小，且有利于水锤防护，各级相邻管道应尽量垂直。

（2）山丘地区，干管一般沿主坡方向布置，支管与之垂直并尽量沿等高线布置，保证各喷头工作压力基本一致，不至于因压差过大而导致灌水不均匀；同时，也有利于保持竖管铅垂，使喷头在水平方向上旋转。

（3）平坦地区，支管尽量与作物的种植方向一致，这样对于固定式系统可以减少竖管对机耕的影响，对于半固定式系统便于支管拆装，减少移动支管对作物的损伤，便于田间管理。

（4）支管必须沿主坡方向布置，并按地面坡度控制支管长度。上坡支管据首尾地形高差加水头损失小于20%的喷头设计工作压力、首尾喷头工作流量差小于等于10%确定管长，下坡支管可缩小管径抵消增加的压力水头或者设置调压设备。

（5）多风向地区，支管垂直主风向（出现频率75%以上）布置，便于加密喷头，补偿风力造成的喷头射程缩短，保证喷洒均匀度。

（6）充分考虑地块形状，使支管长度一致、规格统一，便于施工和运行管理。

（7）支管通常与温室或大棚的长度方向一致，对棚间地块应考虑地块的尺寸。

（8）水泵尽量布置在喷洒范围的中心，以便缩短管道输水长度、减少水头损失；管道系统布置应与排水系统、道路、林带、供电系统等紧密结合，降低工程投资和运行费用。

2. 布置形式

管道系统的布置形式有树状管网和环状管网。

（1）树状管网。树状管网布置简单，适用于土地较分散、地形起伏的地区，水力计算也较简单，是目前我国喷灌管道布置应用最多的一种形式。根据地形及水源位置不同，树状管网一般可分为"丰"字形和梳齿形两种。但是，树状管网在运行中若一处的管道出现故障，可能会影响到几条甚至整个系统的运行。

（2）环状管网。环状管网是闭合管网，由很多闭路环组成，所以又称为闭路网。环状管网的优点是，如果某一水流方向上的管道出现事故，可由另一方向给管道继续供水；其缺点是水力计算比较复杂，管道用量相对较多。

（四）喷头的布置

1. 喷头的选择

选择喷头时，需要根据作物种类、土壤性质以及实际的喷头与动力的生产和供需情况，考虑喷头的工作压力、流量、射程、组合喷灌强度、喷洒扇形角度以及土壤的允许喷灌强度、地块大小形状、水源条件、用户要求等因素。喷头的水力性能必须适合喷灌作物和土壤的特点。例如，低压喷头，流量小、射程短、喷灌强度较小、雾化程度较好，适用于浅根蔬菜及苗圃、果园等；中压喷头，流量和射程适中，雾化程度较好，多适用于大田作物，而且由于喷灌强度可以换不同大小的喷嘴进行调节，可适应不同质地的土壤；高压喷头，射程远、流量大、喷灌强度大、水滴也较大，适用于草原。另外，喷头选择还应考虑风速，风速大的地方宜选用喷灌强度大、水滴直径较大的中高压喷头。喷头选定后要符合下列要求：

（1）组合后的喷灌强度不超过土壤的允许喷灌强度。

（2）组合后的喷灌均匀系数不低于《喷灌工程技术规范》规定

的数值。

（3）雾化指标应符合作物要求的数值。

（4）有利于减少喷灌工程的年费用。

2. 喷头的布置

喷灌系统中喷头的布置包括喷头的喷洒方式、喷头的组合形式、组合的校核、喷头沿支管上的间距及支管间距等。喷头布置的合理与否，直接关系到整个系统的灌水质量。

（1）喷头的喷洒方式。喷头的喷洒方式因喷头的型号不同可有多种，如全圆喷洒、扇形喷洒、带状喷洒等。管道式喷灌系统中，除了在田角路边或房屋附近使用扇形喷洒外，其余均采用全圆喷洒。全圆喷洒能充分利用射程，允许喷头有较大的间距，并可使组合喷灌强度减小。

（2）喷头的组合形式。喷头的组合形式，就是指喷头在田间的布置形式，一般用相邻的四个喷头的平面位置组成的图形表示。喷头的组合间距用 a 和 b 表示：a 表示同一支管上相邻两喷头的间距；b 表示相邻两支管的间距。常用的喷头组合形式有正方形组合、矩形组合、正三角形组合和等腰三角形组合四种，正方形组合 $a=b$。喷头组合形式的选择，要根据地块形状、系统类型、风向风速等因素综合考虑。

喷头的组合应遵循一定的原则：不能漏喷、不能产生地表径流，且能保证喷灌质量；等间距、等密度布置，保证喷洒不留空白，最大限度地满足喷灌均匀度要求；要求在无风或微风情况下，喷灌区域外不能大量溅水；必须充分考虑到风对喷灌水量分布的影响，力争使这种影响降到最低。喷头的组合形式应根据喷头的射程、设计风速以及支管的布置方向确定。风向比较稳定的地区，可采用矩形或等腰三角形组合，并使支管垂直于风向；风向多变的地区，可采用正方形组合。正三角形组合的喷头间距大于支管间距，对节省支管和减少支管移动次数不利，抗风能力也较低，所以较少采用这种组合形式。

（3）喷头组合间距的确定。喷头组合间距是喷头在一定组合形式下工作时，支管布置间距 b 与支管上喷头布置间距 a 的统称。喷头的组合间距合理与否，直接影响喷灌质量。因此，喷头的组合间距不仅直接受喷头射程的制约，同时也受到喷灌系统所要求的喷灌均匀度和喷灌区土壤允许喷灌强度的限制。喷头组合间距与喷头的射程和组合形式以及风力大小有关，同时还应满足在设计风速下喷洒水利用系数、喷灌强度、喷灌均匀系数和喷灌雾化指标要求。确定喷头组合间距的过程可分为两步：

第一步，根据设计风速和设计风向确定间距射程比，为使喷灌的组合均匀系数达到 75％ 以上，旋转式喷头在设计风速下的间距射程比可按表 2-1 确定。表中 R 为喷头射程，风速指的是地面以上 10 米高处的风速。在每一级风速中可按内插法取值，在风向多变采用等间距组合时，应选用垂直风向栏的数值。

表 2-1　喷头组合间距

设计风速 (米/秒)	对应的风力	组合间距	
		垂直风向 a	平行风向 b
0.3～1.6	1	$(1～1.1)R$	$1.3R$
1.6～3.4	2	$(0.8～1)R$	$(1.1～1.3)R$
3.4～5.4	3	$(0.6～0.8)R$	$(1～1.1)R$

第二步，确定组合间距。根据设计风速，从表2-1中查到满足均匀度要求的垂直风向和平行风向的最大间距射程比。如果支管垂直风向布置，喷头间距 a 选用的间距射程比 K_a 应不大于表中垂直风向一列中的数值，支管间距选用的 K_b 应不大于平行风向一列的数值。如果支管平行于风向布置则相反。根据初选喷头的射程 R 和选取的间距射程比 K_a、K_b，按照式 2-1 和式2-2计算组合间距。

喷头间距：

$$a=K_aR \tag{2-1}$$

支管间距：

$$b=K_bR \tag{2-2}$$

得到 a 和 b 后，还应进行调整，以适应管道规格长度的要求，便于安装施工，并满足组合喷灌强度的要求。对于固定式喷灌系统和移动式喷灌系统，计算的喷头组合间距可按调整的间距，但是对于半固定式喷灌系统则需要把 a 和 b 调整为标准管节长的整数倍。若调整后的 a、b 与式 2-1 和式 2-2 计算的结果相差较大，则应校核计算间距射程比 K_a、K_b 是否超过规定的数值，若不超过，则组合均匀系数仍满足＞75％；若超出规定数值，则需重新调整间距。喷头组合间距确定后，即可在灌区地形图上绘制喷灌工程布置图，标出支管、喷头位置和主要的连接件。

第二节　微灌系统

一、微灌系统组成、分类及特点

微灌是按照作物需求，通过管道系统与安装在末级管道上的孔口或灌水器，将水和作物生长所需的养分以较小的流量，均匀、适量地直接输送到作物根部附近土壤的一种灌水方法。与传统的地面灌溉和喷灌相比，微灌只以较小的流量湿润作物根部附近的部分土壤，因此又称为局部灌溉技术。微灌是目前世界上用水量最少、灌水质量最好的现代灌溉技术。

（一）微灌系统的组成

微灌系统通常由水源工程、首部枢纽、输配水管网和灌水器四部分组成。

1. 水源工程

水质符合微灌要求的河流、湖泊、塘堰、沟渠、井泉等，均可作为微灌的水源。为了充分利用各种水源进行灌溉，往往需要修建引水、蓄水和提水工程，以及相应的输配电工程，这些统称为水源工程。由于微灌需要的水量较小，山丘地区的小水泉、山谷河床上游段渗水地区的空山水，只要水质符合要求，都可以作为微灌水源。

2. 首部枢纽

微灌工程的首部通常由水泵及动力机、控制阀门、水质净化装置、施肥装置、测量和保护设备等组成。首部枢纽担负着整个系统的驱动、检测和调控任务，是全系统的控制调度中心。首部枢纽的作用是从水源取水增压，并将水处理成符合微灌要求的水流输送到系统中。

3. 输配水管网

输配水管网的作用是将首部枢纽处理过的水按照作物需水要求输送并分配到每个灌水单元和灌水器中。输配水管网包括干管、支管和毛管三级管道，它们担负着输水和配水的任务，一般均埋入地下一定深度。干管是输水系统，其作用是将水从首部枢纽输送给连接在其上的支管，或直接将水输送给毛管。支管是配水系统，能调节水压、控制流量，将一定压力和流量的水供给下级管道，即毛管。毛管是直接向作物供水的管道，毛管上安装有灌水器。毛管上的各个出水口的流量必须达到系统设计的流量和均匀度。为了避免出现毛管首端压力大、流量大而尾端压力小、流量小的供水不均匀现象，毛管内径一般为 10～20 毫米。

4. 灌水器

灌水器是微灌设备最关键的部件，是直接对作物灌水的设备，其作用是消减压力，将水流变为水滴或细流或喷洒状施入土壤。微灌的灌水器有滴头、微喷头、涌水器和滴灌带等多种形式，或置于地表，或埋入地下。灌水器的结构不同，水流的出流形式也不同，有滴水式、漫射式、喷水式和涌泉式等，相应的灌水方法亦称为滴灌、微喷灌和涌灌。灌水器安装在毛管上或通过连接小管与毛管连接。

（二）微灌系统的分类

1. 按照配水管道分类

根据微灌工程中配水管道在田间的布置方式、移动与否以及灌水方式，可以将微灌系统分成固定式、半固定式和移动式三种。

（1）固定式微灌系统。固定式微灌系统的各个组成部分在整个灌水季节都是固定不动的，干管、支管一般埋在地下，毛管有的埋在地下、有的放在地表或悬挂在离地面几十厘米高的支架上。固定式微灌系统的主要管道埋在地下，大大减小了工程占地，而且便于田间的管理和机械化操作，大大延长了管道的使用寿命，操作简便、省时省工，灌水效率高、效果好。但是，由于设备常年固定不能移动，所有设备利用率低，需要的管材量大，单位面积投资较高。因此，固定式微灌系统一般用于灌水次数频繁、经济价值较高的作物，或者在一些地面坡度较大、地形复杂的丘陵地区，其他灌水方式不适用时，也可安装固定式微灌系统。

(2) 半固定式微灌系统。半固定式微灌系统的干管和支管在灌溉季节固定不动，毛管和灌水器可以移动，毛管一般在作物行间进行移动灌溉。半固定式微灌系统比固定式微灌系统设备的利用率高，较移动式微灌系统的劳动强度小，常用于大田作物和经济作物。

(3) 移动式微灌系统。移动式微灌系统的各个组成部分在灌水季节都可以进行移动，可在不同位置进行灌溉。移动式微灌系统节省了大量管材和设备，提高了设备的利用率，减少了单位面积的投资成本，但是操作管理比较麻烦，劳动强度比较大，常用于大田作物，较适合在干旱缺水、经济欠发达的地区使用。

2. 按照灌水器分类

按灌水器和水流出流形式的不同，可以将微灌分为滴灌、微喷灌、涌灌和渗灌四种类型。

(1) 滴灌。滴灌是通过安装在毛管上的滴头、孔口或滴灌带等灌水器将水一滴一滴地、均匀而又缓慢地滴入作物根部附近土壤的灌水形式。由于滴水流量小，水滴缓慢入土，因而在滴灌条件下除紧靠滴头下面的土壤水分处于饱和状态外，其他部位的土壤水分均处于非饱和状态，土壤水分主要借助毛管张力作用入渗和扩散。滴灌是目前缺水地区最有效的一种灌水形式。

一般将毛管和灌水器设置在地面上，称为地表滴灌。有时为了方便田间作业，防止毛管老化、损坏或丢失，也可将毛管和灌水器埋在地下 30～40 厘米，称为地表下滴灌。

(2) 微喷灌。微喷灌是利用折射式、辐射式或旋转式微型喷头将水洒在枝叶上或树冠下地面上的一种灌水形式。微喷灌既可以增加土壤水分，又可提高空气湿度，起到调节田间小气候的作用。微喷灌的工作压力低、流量小，在果园灌溉中仅湿润部分土壤，因而习惯上将这种微喷灌划在微灌范围内。严格来讲，它不完全属于局部灌溉的范畴。微喷灌的水流以较大的速度从微喷头喷出，在空气的作用下粉碎成细小的水滴落在地面上，微喷头出流孔口的直径和出流速度比滴灌大，因而大大地降低了喷头堵塞的可能性。微喷灌主要应用于经济作物及草坪、温室大棚等。

（3）涌灌。涌灌是通过安装在毛管上的涌水器形成的小股水流，以涌泉方式使水流入土壤的一种灌水形式。涌灌的流量比滴灌和微喷灌大，一般都超过土壤入渗速率。为了防止产生地表径流，需要在涌水器附近挖一小灌水坑暂时储水。涌灌的工作压力较低，不易堵塞，但是田间工程量较大，尤其适于地形平坦地区的果园和人造林的灌溉。

（4）渗灌。渗灌是将一种特别的渗水毛管埋入地表以下 30～40 厘米，水流通过渗水毛管管壁的小孔以渗流的形式湿润周围的土壤。渗灌具有蒸发损失少、省水、省电、省肥、省工和增产效益显著等优点，而且不会妨碍耕作。但是，由于渗水毛管埋在地下，堵塞时不易发现，也不方便维护。另外，当管道间距较大时，灌水不够均匀，在土壤渗透性很大或地面坡度较陡的地方不适宜使用。渗灌非常适用于蔬菜和果树的灌溉，并能有效抑制病虫害的发生。

（三）微灌系统的特点

1. 微灌系统的优点

（1）省水。微灌系统全部由管道输水，很少有沿程渗漏和蒸发损失。微灌属局部灌溉，灌水时一般只湿润作物根部附近的部分土壤，灌水流量小，不易发生地表径流和深层渗漏。另外，微灌能适时适量地按作物生长需求供水，较其他灌水方法，水的利用率高。因此，一般比地面灌溉省水 1/3～1/2，比喷灌省水 15%～25%。

（2）省工。微灌的水流量小，运行费用相对较低，且不需要平整土地，劳动力费用也较低。同时，微灌的土壤表面一般较为干燥，减少了杂草的生长，因此，清除杂草的劳动力和除草剂的费用也相应地减少。

（3）节能。微灌的灌水器在低压条件下运行，一般工作压力为50～150千帕，比喷灌低，又因微灌比地面灌溉省水，灌水利用率高，对提水灌溉来说这意味着减少了能耗。

（4）灌水均匀。微灌系统能够做到有效地控制每个灌水器的出水量，灌水均匀度高，均匀度一般可达80％～90％。

（5）增产。微灌能适时适量地向作物根区供水供肥，有的还可调节棵间的温度和湿度，不会造成土壤板结，为作物生长提供了良好的条件，因而有利于实现高产稳产，提高产品质量。许多地方的实践证明，微灌较其他灌水方法一般可增产30％左右。

（6）对土壤和地形的适应性强。微灌系统的灌水速度可快可慢，对于入渗速率低的黏性土壤，灌水速度可以放慢，使其不产生地面径流；对于入渗速率很高的沙质土，灌水速度可以提高，灌水时间可以缩短或进行间歇灌水，这样做既能使作物根系层经常保持适宜的土壤水分，又不至于产生深层渗漏。由于微灌是压力管道输水，不一定要求地面整平，可以在任何复杂的地形条件下工作，甚至在一些很陡的地区或乱石滩上种植的树木也可以采用微灌。

（7）一定条件下可利用微咸水灌溉。微灌可以使作物根系层土壤经常保持较高含水状态，因而局部土壤溶液浓度较低，渗透压比较低，作物根系可以正常吸收水分和养分而不受盐碱危害。实践证明，使用咸水滴灌，灌溉水中含盐量在2～4克/升时作物仍能生长，并能获得较高产量。但是利用咸水滴灌会使滴水湿润带外围形成盐斑，长期使用会使土壤恶化，因此，在干旱和半干旱地区的灌溉季节末期应用淡水进行洗盐。

2. 微灌系统的缺点

（1）易于引起堵塞。灌水器的堵塞是当前微灌应用中最主要的问题，严重时会使整个系统无法正常工作，甚至报废。由于微灌灌水要求的水流量较小，过水断面很小，很容易被水中杂质堵塞。引起堵塞的原因可以是物理因素、生物因素或化学因素，如水中的泥沙、有机物质或微生物以及化学沉凝物等。因此，微灌对水质要求较严。一般均应经过过滤，必要时还需经过沉淀和化学处理。

（2）可能限制根系的发展。由于微灌只湿润部分土壤，加之作物的根系有向水性，这样就会引起作物根系集中向湿润区生长。另外，由于作物只能从较小面积的湿润土壤中吸取水分和养分，一旦灌水期间发生意外情况，作物很可能无法吸收水分而受害。因此，在没有灌溉就没有农业的地区，如我国西北干旱地区，应用微灌时，应正确地布置灌水器；在平面上要布置均匀，在深度上最好采用深埋方式。

（3）可能引起盐分积累。当在含盐量高的土壤上进行微灌或者利用咸水微灌时，盐分会积累在湿润区的边缘，若遇到小雨，这些盐分可能会被冲到作物根区而引起盐害，这时应继续进行微灌。在没有充分冲洗条件的地方或是秋季无充足降雨的地方，则不要在高含盐量的土壤上进行微灌或利用咸水微灌。

（4）成本高。微灌系统需要大量的管道以及净化水的过滤设备，因此，投资成本较高。

二、微灌设备分类与选型

一个完整的微灌工程，一般由灌水器、各级输水管道和连接件、各种控制和量测设备、过滤器、施肥（农药）装置和水泵、机电设备安装组成。

（一）灌水器

灌水器的作用是把末级管道中的有压水流均匀而又稳定地分配到田间，满足作物生长对水分的需求。灌水器质量的好坏直接影响到微灌系统是否可靠及灌水质量的高低。因此，常把灌水器称为微灌的"心脏"。

1. 对灌水器的基本要求

（1）出水量小。灌水器出水量的大小取决于工作水头高低、过水流道断面大小和出流受阻的情况。微灌的灌水器的工作水头一般为5～15米，过水流道直径或孔径一般在0.3～2.0毫米，出水流量在 2~200 升/时变化。

（2）出水均匀稳定。一般情况下灌水器的出流量随工作水头大小而变化。因此，要求灌水器本身具有一定的调节能力，使得在水头变化时流量的变化较小。

（3）抗堵塞性能好。灌溉水中总会含有一定的污物和杂质，由于灌水器流道直径和孔口较小，在设计和制造灌水器时，要尽量采取措施提高灌水器的抗堵塞性能。

（4）制造精度高。灌水器的流量大小除受工作水头影响外，还受设备精度的影响。如果制造偏差过大，每个灌水器的过水断面大小差别就会很大，造成出流量不均匀、灌水质量差。因此，为了保证微灌灌水质量，要求灌水器的制造偏差系数一般应控制在 0.03~0.07。

（5）结构简单。灌水器是安装在田间毛管上的部件，结构越简单越好，便于制造和安装，且造价也较低。

（6）坚固耐用，价格低廉。灌水器在微灌系统中用量较大，其费用占整个系统总投资的 25%~30%。另外，在移动式微灌系统中，灌水器要连同毛管一起移动，为了延长使用寿命，要求在降低价格的同时还要保证产品的坚固耐用。

实际上，绝大多数灌水器不能同时满足上述所有要求，因此，在选用灌水器时，应根据具体使用条件，只满足某些主要要求即可。例如，使用水质不好的地面水源时，要求灌水器的抗堵塞性能较高；而在使用相对较干净的井水时，对灌水器的抗堵塞性能的要求就可以低一些。

2. 灌水器的分类

按结构和出流形式的不同，灌水器主要有滴头、滴灌带、微喷头、涌水器、渗灌管五类。

（1）滴头。滴头是通过流道或孔口将毛管中的有压水流经过消能后以不连续的水滴或细流形式向土壤灌水的装置，按消能方式又分为管式滴头、孔口滴头、涡流滴头和压力补偿滴头。管式滴头又称为长流道管式滴头，是利用狭窄流道的内壁与水流之间产生的沿程损失来消去水流的能量，使水流变成水滴滴出。孔口滴头是靠孔口的收缩扩散产生的局部水头损失消能以调节出流量的大小。涡流滴头是利用灌水器涡室形成的涡流消能和调节出水量的大小。压力补偿滴头是利用水流压力对滴头内的弹性体的作用，使流道形状改变或使过水断面面积发生变化，从而使出流量保持稳定。

（2）滴灌带。滴灌带是将滴头与毛管组装成一体，兼具配水和滴水的功能，管壁较薄的称为滴灌带，管壁较厚且管内装有专用滴头的称为滴灌管。滴灌带按结构分为内镶式滴灌管和薄壁滴灌管。内镶式滴灌管是在毛管制作过程中，将制造好的滴头镶嵌在毛管内的滴灌管，具有重量小、成本低的特点。薄壁滴灌管分为两种，一种是在 0.2～1.0 毫米厚的薄壁软管上按一定间距打孔，水流由孔口滴出湿润土壤；另一种是在薄壁管的一侧热合出各种形状的流道，水流通过流道以滴流的形式湿润土壤。

（3）微喷头。微喷头即微型喷头，是将有压水流以细小的水滴喷洒在土壤表面的灌水器，作用与喷灌的喷头基本相同。但是微喷头的工作压力一般较低，湿润范围较小。按结构和工作原理，微喷头分为射流式、折射式、离心式和缝隙式 4 种。

射流式微喷头的水流从喷嘴喷出后，集中成一束向上喷射到一个可以旋转的单向折射臂上，折射臂上的流道形状不仅可以使水流按一定喷射仰角喷出，还可以使喷射出的水舌的反作用力对旋转轴形成力矩，使喷射出来的水舌随着折射臂做快速旋转。射流式微喷头一般由旋转折射臂、支架和喷嘴构成，其特点是有效湿润半径较大，喷水强度较低，水滴细小；缺点是旋转部件容易磨损，使用寿命较短。

折射式微喷头的水流由喷嘴垂直向上喷出，遇到折射锥后被击散成薄水膜沿四周射出，在空气阻力的作用下形成细微水滴散落在地面上。折射式微喷头又称为雾化微喷头，主要部件有喷嘴、折射锥和支架，其优点是结构比较简单，没有运动部件，工作可靠，价格便宜；缺点是水滴太细小，容易受风速的影响，蒸发飘移损失大。

离心式微喷头的主体是一个离心室，水流从切线方向进入离心室绕垂直轴旋转，通过处于离心室中心的喷嘴射出的水膜同时具有离心速度和圆周速度，在空气阻力的作用下水膜被粉碎成水滴散落在微喷头的周围。离心式微喷头的特点是工作压力低，雾化程度高，一般湿润面积为圆形。另外，由于在离心室内消散了大量能量，在同样流量条件下，离心式微喷头孔口较大，大大减少了堵塞的可能性。

缝隙式微喷头的水流经缝隙喷出，在空气阻力的作用下，散裂成水滴，一般由底座和带有缝隙的盖两部分组成。

（4）涌水器。涌水器是毛管中的有压水流以涌泉方式通过灌水器向土壤灌水。涌泉灌溉的优点是工作水头低，孔口直径较大，不易堵塞。

（5）渗灌管。渗灌管是毛管中的有压水流通过毛管壁上的许多微孔或毛细管渗出管外而进入土壤。渗水毛管有两种形式，即多孔透水毛管和边缝式薄膜管。边缝式薄膜管是利用结合缝形成的毛细通道来渗水的。毛细通道一般为 0.1～0.25 毫米宽、0.7～2.5 毫米高、150～600 毫米长。渗灌管多埋在地下 20～30 厘米处，渗水孔不易被泥土堵塞，植物根系也不易插入。与其他地表灌溉相比，渗灌管具有提高土壤温度、降低空气湿度、减少病虫害、提高作物产量和品质等优点。

（二）过滤器及过滤设施

微灌要求灌溉水中不含有造成灌水器堵塞的污物和杂质，而实际上任何水源，如湖泊、库塘、河流和沟溪水中，都不同程度地含有各种污物和杂质，即使是水质良好的井水，也会含有一定数量的沙粒和可能产生化学沉淀的物质。因此，对灌溉水进行严格的净化处理是微灌中首要的步骤，是保证微灌系统正常运行、延长灌水器寿命和保证灌水质量的关键措施。灌溉水必须经过过滤器过滤后才能进入田间灌溉系统。过滤器和过滤设施的作用就是清除灌溉水中的污物和杂质，防止微灌系统及灌水器堵塞，保证系统正常运行。因此，过滤器及过滤设施是微灌系统中不可缺少的重要组成部分。

微灌系统中的过滤设备与设施主要有拦污栅（筛、网）、沉淀池、水沙分离器、砂石（介质）过滤器、滤网式过滤器等。选配过滤设备和设施时，主要根据灌溉水源的类型、水中污物种类、杂质含量及化学成分等，同时考虑所采用的灌水器的种类、型号及流道断面大小等。

1. 拦污栅与初级拦污栅

拦污栅主要用于河流、库塘等含有大体积杂物的灌溉水源中，如拦截枯枝残叶、杂草和其他较大的漂浮物等。设置拦污栅主要是防止上述杂物进入微灌用沉淀池或蓄水池中。

初级拦污栅又称为拦污筛，是安装在水源中水泵进口处的一种网式拦污栅，一般也作为微灌用水的初级净化处理设施。初级拦污栅用浮筒固定在水泵吸水管进口周围，筛网把污物拦在网外，水泵从筛网内抽取清水，经第二次过滤后再送入灌溉供水管道。另外，要设一条分水管从供水管道中引出一部分水送回到安装在筛网中间的冲洗旋转臂中，通过旋转臂上的冲洗刷喷射到筛网上。在冲洗喷水的同时，由于水的反作用力结果，推动旋转臂做水平旋转运动，连续向周围的筛网上喷水，把附着在筛网上的污物向外冲开，使水不断向网内汇入，保证水泵正常抽水。初级拦污栅主要应用于含有大量水草、杂物、藻类等水源，如河流、水库以及较大的坑塘等。

2. 沉淀池

沉淀池是微灌用水的水质净化初级处理设施之一，是一种简单又古老的水处理方法，但却是解决多种水源水质净化问题有效而经济的一种处理方式。沉淀池也可以消除水中的两类污物：首先是清除一般灌溉水中的悬浮固体污物；其次是消除水源中的含铁物质。沉淀池主要用于对沙粒与淤泥等污物含量较高的浑浊地表水源进行净化处理，其工作原理是通过重力作用，使水中的悬浮固体在静止的水体中自然下沉于池底。

3. 旋流式水沙分离器

旋流式水沙分离器，又称离心式或涡流式水沙分离器，它是由进口、出口、旋涡室、分离室、储污室和排污口等部分组成。当有压水流由进水口以切线方向进入旋涡室后开始做旋转运动，使水流以高速旋转，同时沙粒也在重力作用下沿壁面渐渐向下沉淀，并向储污室汇集。由于储污室的断面比分离室大，水流速度下降，泥沙颗粒下落并向排污口附近沉淀，最后通过排污管排出过滤器。同时，由于旋涡中心和储污室中的水流速度比较低，而位能比较高，于是旋涡中心的较清洁的水上升，并通过分离器顶部的出水口进入灌溉供水管道。旋流式水沙分离器的去污能力与水中的含沙量高低有关，当含沙量低于 5％时，它能消除 0.074 毫米以上泥沙颗粒含量的 98％。如果使用井水进行微灌，它可以作为主过滤器。

旋流式水沙分离器的主要优点是能连续过滤高含沙量的灌溉水。但它不能清除灌溉水中相对密度小于 1 的有机污物。因此，同沉淀池一样，水沙分离器只能进行初级过滤。旋流式水沙分离器的另一个缺点是水头损失比较大，水泵启动和停机时过滤效果下降。

4. 砂石过滤器

砂石过滤器又称为介质过滤器，是利用经过筛分并分层填装在容器内的砂石作为介质过滤掉大量的极细沙和有机物。砂石过滤器具有较强的截获污物的能力，是微灌系统中用来清除灌溉水中污物的理想设备。砂石过滤器主要由进水口、出水口、过滤罐体、砂床和排污孔等部分组成，常见的有单罐反冲洗砂石过滤器和双罐（或多罐）反冲洗砂石过滤器。砂石过滤器的主要优点是能用较少的反冲洗次数和较小的压降来清除较大数量的污物。

5. 滤网式过滤器

滤网式过滤器是一种简单、有效的过滤设备，造价也较便宜，是国内外微灌系统中使用最为广泛的一种过滤器。滤网式过滤器的水流由进水口进入，经过滤网使水流中的污物被拦截在滤网的外面，部分网眼可能被污物堵塞，随着堵塞网眼数量的增加，过滤器的水头损失也增加。滤网式过滤器主要用于过滤灌溉水中的粉粒、沙和水垢等污物，尽管它也能用来过滤含有少量有机污物的灌溉水，但当有机物含量稍高时过滤效果很差，尤其是压力较大时，大量的有机污物会"挤"过滤网而进入管道，造成微灌系统与灌水器的堵塞。滤网式过滤器按安装方式，有立式与卧式两种；按制造材料分类，有塑料和金属两种；按清洗方式分类，又有人工清洗和自动清洗两种类型；按封闭与否分类，有封闭式和开敞式（又称自流式两种）。

滤网式过滤器主要由进水口、滤网、出水口和排污口等几部分组成。进出水口的大小要与供、输水管径尽量一致。过滤器本身要用耐压、耐腐蚀的金属或塑料制造，如果用一般金属材料制造，一定要进行防腐、防锈处理。滤网要用不锈钢丝制作，尤其是滤网式过滤器作为系统主过滤器时，不能使用尼龙纱网。用于支管或毛管上的微型滤网式过滤器，由于压力小，除采用不锈钢滤网外，也可以采用铜丝网或尼龙网制作。滤网孔径大小，即网目数的多少，要根据灌水器的类型及流道断面大小而定。灌水器的堵塞与否，除了与其本身有关外，主要与灌溉水中的污物颗粒形状及粒径大小有直接关系。因此，微灌用的灌溉水中所能允许的污物颗粒大小应比灌水器的孔口或流道断面小许多倍才能有效防止灌水器堵塞。实践证明，一般要求所选用的过滤器滤网的孔径大小应为所使用的灌水器孔径大小的 $1/10 \sim 1/7$。另外，在选用滤网式过滤器时，要求滤网的有效过水面积即滤网的净面积之和应大于 2.5 倍出水管的过水面积。

（三）管道与连接件

输配水管道及连接件是微灌系统的主要设备，各种管道与连接件按设计要求安装组成一个微灌输水网络，起着按作物需水要求向田间和作物输水、配水的作用。管道与连接件在微灌工程中用量大、规格多、所占投资比重也较大，因而管道与连接件型号规格的不同和质量的好坏，不仅直接关系到微灌工程费用的多少，而且也关系到微灌能否正常运行和发挥最佳经济效益。因此，规划设计微灌工程时，必须先了解各种微灌用管道和连接件的作用、种类、型号、规格及性能，才能正确合理地设计与管理好微灌工程。

1. 管道

微灌工程采用低压管网输水与灌水，由于管网中各级管道的功能不同，对管道与连接件的要求也不相同。各级管道必须能承受设计工作压力才能保证安全输水与配水，因此在选择管道时一定要了解各种管道与连接件的承压能力。管道的承压能力与管道和连接件的材质、规格型号及连接方式等有直接关系。微灌工程管网要求所用的管道与连接件应具有较强的耐腐蚀和抗老化性能，以保证微灌系统在输配水、肥液过程中不发生灌水器及微灌系统堵塞现象，使灌水器有较长的使用寿命。各种管道与连接件都应按照有关部门的技术标准要求进行生产。例如，对金属管道与连接件，管径偏差与壁厚偏差必须在技术标准允许范围内；管道内壁要光滑平整清洁；管壁外观光滑，无凹陷、裂纹和气泡，要求连接件无飞边和毛刺。对塑料管道与连接件，则必须按规定标准添加一定的炭黑，保证管壁不透光。各种管道均应按有关规定制成一定长度，以便于用户安装与减少连接件用量及节省投资。

目前，我国微灌系统管道多采用塑料管。塑料管具有抗腐蚀、柔韧性较高，能适应土壤较小的局部沉陷，内壁光滑、输水摩阻和糙率小、相对密度小、重量轻和运输安装方便等优点，是理想的微灌用管道。但是塑料管在阳光照射下容易老化。由于微灌系统管网大部分埋入地下一定深度，老化问题已得到较大程度的克服，因而延长了使用寿命，埋入地下的塑料管使用寿命一般达 20 年以上。用于微灌系统的塑料管道主要有聚乙烯管和聚氯乙烯管。

（1）聚乙烯管。聚乙烯管有高压低密度聚乙烯管和低压高密度聚乙烯管。高压低密度聚乙烯管为半软管，管壁较厚，对地形适应性强，是目前国内微灌系统使用的主要管道。低压高密度聚乙烯管为硬管，管壁较薄，对地形适应性不如高压低密度聚乙烯管。

微灌用高压低密度聚乙烯管材是由高压低密度聚乙烯树脂加稳定剂、润滑剂和一定比例的炭黑经制管机挤出成型。它具有很高的抗冲击能力，重量轻，韧性较好，耐低温性能强（−70℃），抗老化性能比聚氯乙烯管材好，但不耐磨，耐高温性能差（软化点为92℃），抗张强度较低。为了防止光线透过管壁进入管内，引起藻类等微生物在管道内繁殖，增强抗老化性能和保证管道质量，要求聚乙烯管为黑色，外观光滑平整、无气泡，无裂口、沟纹、凹陷和杂质等。

（2）聚氯乙烯管。聚氯乙烯管道是用聚氯乙烯树脂与稳定剂、润滑剂混合后经制管机挤出成型。它具有良好的抗冲击和承压能力，刚性好。但耐高温性能较差，在50℃以上时会发生软化变形。聚氯乙烯管属硬质管道，韧性差，对地形适应性不如半软性高压低密度聚乙烯管道。微灌用聚氯乙烯管材一般为灰色。为保证使用质量要求，管道内外壁均应光滑平整，无气泡、裂口、波纹及凹陷，管内径为40～200毫米的管道的挠曲度不得超过1%，不允许呈S形。

2. 连接件

连接件是连接管道的部件，亦称管件。管道种类及连接方式不同，连接件也不同。微灌系统主要使用塑料管，而塑料管的维修比较困难，因此在选择连接件时，要十分谨慎，应选择密封可靠、维修和更换方便的连接件，以利于安装和维护。在管道的安装过程中，应尽量减少连接件，既可以减少安装的工作量，增加系统的可靠性，减少水流阻力，又降低了系统的投资。常见的连接件有接头、弯头、三通或四通、旁通、堵头、插杆和密封紧固件等。

（1）接头。接头又称为直通，其作用是连接管道。根据两个被连接管道的管径情况，接头分为同径接头和变径接头两种。塑料接头与管道的连接方式主要有套管黏接、螺纹连接和内承插式三种。

（2）弯头。弯头用于管道转弯和地形坡度变化较大之处，以连接管道。弯头有90°和45°两种，即可满足整个管道系统安装的要求。弯头结构有内插式和螺纹式两种。

（3）三通、四通。三通与四通主要用于管道分叉时的连接。与接头一样，三通有同径三通和变径三通之分；根据被连接的管道的交角情况，三通又可以分为直角三通与斜角三通两种。三通的连接方式及分类与接头相同。

（4）旁通。旁通用于毛管与支管间的连接。

（5）堵头。堵头是用来封闭管道末端的连接件。在毛管缺少堵头时，也可以直接把毛管末端打折后扎牢。

（6）插杆。插杆用于支撑微喷头，使微喷头置于规定的高度。

（7）密封紧固件。密封紧固件用于内接式连接件与管道连接时的紧固。

（四）控制、测量与保护装置

为了保证微灌系统的正常运行，需要安装阀门、流量表和压力表、流量和压力调节器等，其作用主要是控制管道内的压力和流量，在管道内的水压发生波动时，确保管谊系统的安全。

1. 阀门

阀门是直接用来控制和调节微灌系统压力与流量的部件，按作用分为控制阀、安全阀、进排气阀等。

（1）控制阀。控制阀主要包括闸阀、球阀、截止阀和逆止阀。闸阀是广泛使用的一种阀门，具有阻力小、开关力小、水可从两个方向流动的优点，但是结构较为复杂，密封面容易擦伤，从而影响止水功能，高度尺寸也较大。球阀是微灌系统中使用较为广泛的一种阀门，主要用在支管进口处。球阀构造简单，体积小，对水流的阻力也小，缺点是如果开启太快会在管道中产生水锤。因此，在微灌系统的主干管上不宜采用球阀，但可在干、支管末端上安装球阀用于冲洗，其冲洗排污效果好。截止阀与闸阀和球阀相比，具有结构简单、密封性能好、制造维修方便等优点。但是它对水流的阻力比较大，在开启和关闭时用力也较大。微灌系统中在首部枢纽与供水管连接时，或在化肥和农药管道与灌溉水管相连接时需要安装截止阀，以防止化肥或农药等化学物质污染水源。逆止阀又叫止回阀，主要作用是防止水倒流。例如，在供水管与施肥系统之间的管道上安装逆止阀，当供水停止时，逆止阀自动关闭，使肥料罐里的化肥和农药不能倒流回供水管中。另外，在水泵出水口装上逆止阀后，当水泵突然停止抽水时可防止水倒流，从而避免了水泵倒转。逆止阀有单盘绕轴旋转和双盘绕轴旋转两种，例如水泵吸水管进口处安装的底阀就是一种单盘绕轴式逆止阀。

（2）安全阀。安全阀又称减压阀，主要用途是消除管道中超过设计标准或管道承受能力的压力，保证管道安全输水。例如，开、关阀门过快或突然停机造成管道中压力突然上升，安全阀就可以消除这些压力，防止发生爆管事故。安全阀一般安装在管道始端，对全管道起保护作用，微灌系统中主要使用的是弹簧式减压阀。对于大型输水管网，可以用大直径封闭式安全阀。

（3）进排气阀。进排气阀又叫真空破坏阀，主要安装在微灌系统中的供水管、干管、支管和控制竖管的高处。当管道开始输水时，管中的空气受水的"排挤"向管道高处集中，这时进排气阀主要起排除管中空气的作用，防止空气在此处形成气泡而产生气阻，保证系统安全输水。当停止供水时，管道中的水流逐渐被排出，致使管道内会出现负压，此时，进排气阀主要起进气作用，使空气随水流的排出而及时进入管道。微灌系统中经常使用的进排气阀由塑料或铝合金材料制成。

2. 流量与压力调节装置

为了保证灌水均匀，必须调节管道中的压力和流量，因此需要在微灌系统中安装流量调节器或压力调节器等装置。

（1）流量调节器。流量调节器主要是通过自动改变过水断面的大小和形状来调节流量的。在正常工作压力下，流量调节器中的橡胶环处于正常工作状态，通过的流量为所要求的流量；当水压力增加时，水压迫使橡胶环变形，过水断面变小，限制水流通过，使流量保持稳定不变，从而保证了微灌系统各级管道流量的稳定和灌水器流量的均匀度。

（2）压力调节器。压力调节器是利用弹簧受力变形改变过水断面，使其出口处的压力保持稳定。

（3）消能管。消能管又称为调压管或水阻管，通常是在毛管进口处安装的一段直径为 4 毫米的细塑料管。在微灌系统中需要经常调节流量和压力，如果安装专门的流量调节器和压力调节器，会增加整个工程的投资，为此可以采用安装消能管的方法来调节支、毛管中的压力和流量，使其达到设计要求，从而可以节省投资。消能管的工作原理是利用小管径及相应长度的细管沿程消能来消除毛管进口处的多余压力，使进入毛管的水流保持在设计允许的压力状态。

3. 压力表与水表

（1）压力表。微灌系统中经常使用弹簧管压力表测量管道中的水压力。压力表内有一根椭圆形截面的弹簧管，管的一端固定在插座上并与外部接头相通，另一端封闭并与连杆和扇形齿轮连接，可以自由移动。当被测液体进入弹簧内时，在压力作用下弹簧管的自由端产生位移，位移使指针偏转，指针在读盘上的指示读数就是被测液体的压力值。测正压力的表称为压力表，测负压力的表称为真空表。

（2）水表。微灌工程通常用水表来计量一段时间内通过管道的水流量大小并计算灌溉用水量的多少。水表一般安装在首部枢纽中过滤器之后的干管上，也可将水表安装在相应的支管上。

水表主要由外壳、翼轮测量机构和减速指示机构组成。其工作原理是利用管径一定时的流速与流量成正比的关系，当水流进入水表后，由翼轮盒下的进水孔沿切线方向流入，冲击翼轮旋转，翼轮转速与水流速度成正比，水流速度又与流量成正比，因此，翼轮转速与水的流量成正比，经过减速齿轮传动，由计数器指示出通过水表的总水量。

微灌系统中使用的水表要求过流能力大而水头损失小，量水精度高且量程范围大，使用寿命长，维修方便价格便宜。因此，选用水表时，应首先了解水表的规格型号、水头损失曲线及主要技术参数等。然后根据微灌系统设计流量大小，选择大于或接近额定流量的水表为宜，绝不能单纯以输水管径大小来选定水表口径，否则容易造成水表的水头损失过大。

三、微灌系统规划设计

规划是微灌系统设计的前提，它关系到微灌工程的修建是否合理、技术上是否可行、经济上是否合算。因此，规划是关系微灌工程成败的重要工作之一，必须给予充分重视。

（一）微灌系统规划设计的原则和基本资料收集

合理地规划微灌系统，不仅要考虑一定的规划原则，明确微灌工程的任务和目标，而且还需要收集适当的规划资料。

1. 微灌系统规划设计的原则

（1）经济原则。微灌具有节水、节能、增产等优点，是最为高效的灌溉技术之一，但同时也有一次性亩投资较高的缺点。兴建微灌工程应力求获得最大的经济效益。为此，在进行微灌工程规划时，要先考虑在经济收入高的经济作物区发展微灌。

（2）统筹安排原则。微灌工程的规划，应与其他的灌溉工程统一安排。如喷灌和管道输水灌溉，都是节水节能的灌水新技术，各有其特点和适用条件。在规划时应结合各种灌水技术的特点，因地制宜、统筹安排，使各种灌水技术都能发挥各自的优势。

（3）多目标综合利用原则。目前，微灌大多用于干旱缺水的地区，规划微灌工程时应将当地人畜饮水与乡镇工业用水统一考虑，以求达到一水多用。这样不仅可以解决微灌工程投资问题，而且还可以促进乡镇工农业的发展。

（4）因地制宜原则。微灌工程的规划必须遵循因地制宜的原则，即要根据当地的自然条件、经济条件和社会人文背景，分析修建微灌工程的利弊得失，从而确定微灌系统的形式。我国地域辽阔、各地自然条件差异很大，山区、丘陵、平原、高原，南方、北方，气候、土壤、作物等都各不相同。加上微灌的形式也较多，又各有其优缺点和适用条件。因此，在规划和选择微灌形式时，应贯彻因地制宜的原则，切忌盲目地照搬外地经验。

（5）考虑近期着眼长远原则。微灌系统规划要把近期发展与远景规划结合起来，既要着眼长远发展规划，又要根据实际情况讲求实效、量力而行。根据人力、物力和财力，作出分期开发计划。同时，要根据当地整体发展方向和实力，选择比较先进的微灌形式。在初次发展微灌的地方，应先搞试点，待取得经验并为群众接受后，再大面积推广，使微灌工程建成一处、用好一处，尽快发挥工程效益。

2. 基本资料收集

微灌工程规划通常需要搜集当地的地形、气象、水文、土壤、作物等资料，并要求资料准确可靠，必要时需进行分析论证。

（1）地形资料。在规划阶段，应具备微灌工程规划区域的近期地形图。地形图图框范围的比例尺应能满足工程总体布置的有关技术要求。比例尺一般采用 1：500～1：1 000，地形条件复杂时采用较大的比例尺，或采用较小的比例尺加测必要的工程控制点高程。同时，地形图上应标明灌区内的水源、电源、动力和道路等主要工程的地理位置。

（2）气象资料。气象资料包括逐年逐月降水、蒸发，逐月平均温度、湿度、风速、日照率，年平均积温、无霜期、冻土深度等。对于较大面积的微灌区，还需要了解光照、热量、灾害性天气、风速风向等资料。

（3）水文资料。水文资料包括灌区取水点多年平均径流量及年内分配资料，相应泥沙含量及粒径组成资料，水化学类型、元素含量和总量，以及水温变化等资料。对于一些没有现成观测资料的小水源，需根据水源特点进行访问调查或进行必要的测量和取样化验。对某些水源还需进行必要的产流条件调查，以分析来水的变化规律，如水井可了解其水文地质条件、成井工艺及供电保证等。

（4）土壤资料。土壤资料包括土壤质地、容重、田间持水量、饱和含水量、永久凋萎系数、渗透系数、土壤结构、酸碱度及氮、磷、钾、有机质含量等。对于盐碱地，还应有盐分组成和含量、地下水埋深、水矿化度等资料。规划范围内土壤有明显区别时，应按与地形图相同比例填图。

（5）作物种植资料。微灌规划需要了解灌区作物的种类、品种、种植面积、种植分区及轮作制度、主要自然灾害等情况，尤其是要弄清楚适合微灌的蔬菜、果树、药材、花卉等高附加值的作物种植情况。作物分区应考虑到作物特点对微灌选型、管网布置和灌水管理上的不同要求。果树与大田不同，果树应搜集树种、树龄、密度和走向等资料。

（6）社会经济状况。按灌区的行政区划，调查农业人口与非农业人口比例，山川、丘陵、平原等的面积，水田、水浇地、旱地等耕地类型的面积，林、果及农作物组成与水旱地比例，牧、副业现状和发展计划，从业人数和收入等。同时，还需要了解当地的生产管理体制，领导和技术力量，以及建筑材料和设备来源、单价、运距、交通状况、运输方式等。此外，还应特别了解当地群众对微灌技术的认识、兴建微灌工程的积极性和经营管理微灌工程的能力。

（7）水利设施。搜集过去的水利规划、设计以及规划区有关的流域或区域资料，同时了解现有水利工程设施规模、完善程度、建设时间、投资、运行情况、能源条件、改建或扩建理由，有无可以调用的闲置设备、器材等。特别要了解现有的水利工程与微灌规划之间的联系，例如微灌系统的供水能力、供水时间和水质等情况。

（二）微灌工程规划设计主要参数选择

在微灌工程规划设计中，准确的规划设计参数是合理设计方案的关键。这些基本的设计参数包括作物需水量、微灌耗水强度、灌溉补充强度、土壤湿润比、灌水均匀度、灌溉水有效利用系数和灌水器额定工作水头等，它们取值的大小直接影响微灌工程的投资、运行管理的难易程度和灌水质量的好坏，从而影响微灌工程的效益。

1. 作物需水量

作物需水量是微灌系统设计和管理的重要参数，包括作物蒸腾量和棵间土壤蒸发量，也称作物腾发量或作物耗水量。一般来说，作物需水量等于维持作物最适宜的生长发育所需要的植株蒸腾量和棵间土壤蒸发量以及植株本身的含水量。一般作物蒸腾量占作物需水量的 $60\%\sim80\%$，棵间土壤蒸发量占 $20\%\sim40\%$。影响作物需水量的因素有气象条件，如温度、日照、湿度及风速等，以及土壤类别和含水状况、作物种类、生育阶段及农业措施等。

由于影响作物需水量的因素错综复杂，确定作物需水量最可靠的方法是进行田间实际观测。在规划设计时，根据当地实测资料或条件相似地区的实测资料，确定作物需水量。但是在规划设计阶段往往缺乏实测资料，此时可根据影响作物需水量的因素进行估算。目前，关于估算作物需水量的方法很多，下面仅介绍微灌系统设计中常用的两种估算方法，分别是根据自由水面蒸发量和参照作物腾发量计算作物需水量。

（1）根据自由水面蒸发量估算作物需水量。由于作物需水量与水面蒸发量存在一定程度的相关关系，微灌设计中经常使用蒸发皿的观测资料来估算作物需水量。此法简单实用，其计算公式为

$$E_c = K_c K_p E_p \qquad (2-3)$$

式中：E_c 是作物需水量，毫米/天，可以按月、旬计算，也可以按生育阶段计算；K_c 是作物系数，反映了作物特性对作物需水量的影响；K_p 为蒸发皿蒸发量与自由水面蒸发量之比，又称"皿系数"，可根据当地水文和气象站资料分析确定；E_p 为计算时段内E601型水面蒸发器或口径80厘米的蒸发皿的蒸发量，毫米/天。

（2）根据参照作物腾发量计算作物需水量。参照作物腾发量是指在供水充分的条件下，高度均匀、生长茂盛、高为8～15厘米且全部覆盖地表的开阔绿草地上的腾发量。根据这一定义，认为参考作物腾发量不受土壤含水量的影响，而仅取决于气象因素。因此，可以只根据气象资料，用经验或半经验公式计算出参照作物腾发量，然后再根据作物种类和生育阶段，并考虑土壤、灌排条件加以修正，最后估算出作物需水量。其计算公式为

$$E_c = K_c E_0 \qquad (2-4)$$

式中：E_0 为参照作物腾发量，毫米/天，可查阅当地气象条件下参考作物蒸发量的资料；其余符号意义与式（2-3）相同。

2. 微灌耗水强度

微灌主要用于灌溉果园和条播作物，此时只有部分土壤表面被作物覆盖，并且灌水时只湿润部分土壤。与地面灌溉和喷灌相比，作物耗水量主要来自植株的生理蒸腾耗水，地面蒸发损失很小。因此，作物的耗水量仅与作物对地面的遮阴率大小有关，其耗水强度（日耗水量）为

$$E_a = K_r E_c \qquad (2-5)$$

$$K_r = K_e/0.85 \qquad (2-6)$$

式中：E_a 是微灌的作物耗水强度，毫米/天；K_r 是作物遮阴率对耗水量的修正系数，当由式（2-6）计算出的 K_r 大于 1 时，取 $K_r=1$；K_e 为作物遮阴率，又称作物覆盖率，随作物种类和生育阶段而变化，对于大田和蔬菜作物，取值范围为 $0.8 \sim 0.9$，对于果树作物，可根据树冠半径和果树所占面积计算确定，在计算多年生作物的遮阴率时，必须选取作物成龄后的遮阴率；其余符号意义同前。

设计耗水强度是指在设计条件下微灌的作物耗水强度。它是确定微灌系统最大输水能力和灌溉制度的依据，设计耗水强度越大，系统的输水能力越大，保证程度越高，但系统的投资也越高，反之亦然。因此，在确定设计耗水强度时既要考虑作物对水分的需求情况，又要考虑经济上合理性和可行性。对于微灌，一般取全年或全生育期中月平均作物耗水强度峰值作为设计耗水强度，并以毫米/天计。

3. 灌溉补充强度

微灌的灌溉补充强度是指为了保证作物正常生长必须由微灌提供的水量，以毫米/天计。微灌的灌溉补充强度取决于作物耗水量、降雨量和土壤含水量条件，通常有以下两种情况：

第一种情况，在干旱地区，降雨量很少且地下水位很深，作物生长所消耗的水全部由微灌提供。此种情况下，灌溉补充强度最少要等于作物的耗水强度。

$$I_a = E_a \qquad (2-7)$$

式中：I_a 是微灌的灌溉补充强度，毫米/天；其余符号意义同前。

第二种情况，当有其他来源补充作物耗水量时，如降雨、土壤原有含水量、地下水补给等，微灌只是补充作物耗水不足部分，此时的微灌补充强度为

$$I_a = E_a - P_0 - S \qquad (2-8)$$

式中：P_0 为有效降雨量，毫米/天；S 是根层土壤或地下水补

给的水量，毫米/天；其余符号意义同前。

灌溉补充强度是确定微灌工程规模和指导系统运行管理的依据。只有当微灌是作物耗水的唯一来源时，设计灌溉补充强度才等于设计耗水强度，除此而外，两者不能混淆。

4. 土壤湿润比

微灌时被湿润的土体占计划湿润深度总土体的百分比称为土壤湿润比。正确选择土壤湿润比，可减少微灌工程的投资。实际应用中，土壤湿润比常以地面以下 20～30 厘米处的湿润面积占总灌水面积的百分比表示。影响土壤湿润比的因素很多，如毛管的布置方式、灌水器的流量和灌水量大小、土壤的种类和结构等。

在确定微灌系统设计土壤湿润比时，不仅要考虑作物对水分的需求，还要考虑工程的投资，因为设计湿润比越大，系统的流量越大，越易满足作物需水要求，微灌的保证程度也越高，但是系统的投资和运行费用也越大，反之亦然。一般干旱和半干旱地区，果园的设计土壤湿润比取值为 20%～30%；半湿润和湿润地区由于降水较多，土壤湿润比一般小于 20%。蔬菜和粮食作物，土壤湿润比一般在 60%～80%。

5. 灌水均匀度

为了保证微灌的灌水质量，要求灌水均匀度达到一定的要求。灌水均匀度越高，灌水质量越高，水的利用率也越高，系统的投资也越大。田间条件下，影响灌水均匀度的因素有灌水器工作压力的变化、灌水器的制造偏差、堵塞情况、水温变化、微地形变化等。目前，在设计微灌工程时能考虑的只有水力学和制造偏差两种因素对均匀度的影响。当只考虑水力因素时，灌水均匀度取值范围为 0.95～0.98；当同时考虑水力和灌水器制造偏差时，取值范围为 0.90～0.95。

6. 灌溉水有效利用系数

灌溉水有效利用系数是指微灌时储存在作物根层的水量与灌溉供水量的比值。微灌时，只要设计合理、精心管理，就不会产生输水损失、地面流失和深层渗漏损失。微灌的主要水量损失是由灌水不均匀和某些不可避免的损失造成的。由于微灌的水量损失很小，其灌溉水有效利用系数一般为 0.90～0.95；对于滴灌，其灌溉水有效利用系数应不低于 0.9；微喷灌、涌灌的灌溉水有效利用系数应不低于 0.85。

7. 灌水器设计工作水头

灌水器设计工作水头应取所选灌水器的额定工作水头。灌水器的工作水头越高，灌水均匀度越高，但系统的运行费用越大。灌水器的设计工作水头由地形和所选用的灌水器的水力性能决定。滴灌时，工作水头通常为 10 米；涌灌时，工作水头可为 5～7 米；微喷灌时，工作水头一般以 10～15 米为宜。

（三）微灌系统设计

微灌系统的设计是在微灌工程总体规划的基础上进行的，其内容包括系统的布置、设计流量的确定、管网水力计算以及泵站、蓄水池、沉淀池的设计等，最后提出工程材料、设备及预算清单，以及施工和运行管理要求。

1. 微灌系统的布置

微灌系统的布置通常是在地形图做初步布置，然后将初步布置方案带到实地与实际地形做对照，并进行必要的修正。微灌系统布置所用的地形图比例尺一般为 1∶500～1∶1 000。在灌区很小的情况下也可在实地进行布置，但应绘制微灌系统布置示意图。

（1）首部枢纽位置的确定。首部枢纽是微灌系统操作控制的中心，其位置的选择主要以节省投资、便于管理为原则。首部枢纽一般与水源工程相结合，但如果水源离灌区较远，首部枢纽可布置在灌区旁边，否则应尽可能布置在灌区中心，以减少输水干管的长度。

（2）干、支管的布置。干、支管的布置取决于地形、水源、作物分布和毛管的布置，其布置应达到管理方便、工程费用少的要求。在山丘地区，干管多沿山脊布置，或沿等高线布置。支管则垂直于等高线，向两边的毛管配水。在平地，干、支管应尽量双向控制，两侧布置下级管道。

（3）毛管和灌水器的布置。毛管和灌水器的布置方式取决于作物种类、生长阶段和所选用灌水器的类型。滴灌时，毛管布置形式有单行毛管直线布置、单行毛管带环状管布置、双行毛管平行布置和单行毛管带微管布置4种。单行毛管直线布置为顺着作物行向，一行作物布置一条毛管，滴头安装在毛管上。这种方式适用于幼树和窄行密植作物，如蔬菜。对于幼树，一棵安装2～3个单出水口滴头；对于窄行密植作物，可沿毛管等间距安装滴头。这种情形也可使用多孔毛管作为灌水器，有时一条毛管控制若干行作物。当滴灌成龄果树时，可沿一行树布置一条输水毛管，围绕每棵树布置一条环状灌水管，其上安装5～6个单出水口滴头。这种形式称为单行毛管带环状管布置，由于增加了环状管，使毛管总长度大大增加，因而增加了工程费用。当滴灌高大作物时，可采用双行毛管平行布置形式，沿一行树两侧布置两条毛管，每棵树两边各安装2～4个滴头，这种形式使用的毛管数量较多。当使用微管滴灌果树时，每一行树布置一条毛管，再用一段分水管与毛管连接，在分水管上安装4～6条微管。这种布置形式大大减少了毛管的用量，加之微管价格低廉，因此减少了工程费用。上述4种布置方式中，毛管均沿作物行向布置。在山丘区一般采用等高种植，故毛管是沿等高线布置的。对于果树，滴头与树干的距离通常为树冠半径的2/3。毛管的长度直接影响灌水的均匀度和工程费用，毛管长度越大，支管间距越大，支管数量越少，工程投资越少，但灌水均匀度越低。因此，毛管长度应控制在允许的最大长度以内，而允许的最大毛管长度应满足设计均匀度的要求，并由水力计算确定。

微喷灌时，毛管沿作物行向布置，毛管的长度取决于微喷头的流量和均匀度的要求，应由水力计算决定。由于微喷头喷洒直径及作物种类的不同，一条毛管可控制一行作物，也可控制若干行作物。

2. 微灌灌溉制度的确定

微灌灌溉制度是指作物全生育期（对于果树等多年生作物则为全年）每一次灌水量、灌水时间间隔、一次灌水延续时间、灌水次数和灌水总量，是确定灌溉工程规模的依据。一次灌水量又称灌水定额，全生育期（或全年）灌水总量又称为灌溉定额。

（1）灌水定额。灌水定额可由下式计算：

$$I = \beta\ (F_d - W_0)\ ZP / 1\ 000 \qquad (2-9)$$

式中：I 为一次灌水量，毫米；β 表示土壤中允许消耗的水量占土壤有效水量的比例，%，β 取决于土壤、作物和经济因素，一般为 20%～60%，对土壤水分敏感的作物如蔬菜等采用下限值，对土壤水分不敏感的作物如成龄果树可采用上限；F_d 和 W_0 分别为田间持水量和凋萎系数，$(F_d - W_0)$ 表示土壤中保持的有效水分数量；Z 为微灌土壤计划湿润层深度，米，根据各地的经验，不同作物的适宜土壤湿润层深度为蔬菜 0.2～0.3 米、大田作物 0.3～0.6 米、果树 1.0～1.5 米；P 是微灌土壤湿润比，%，P 取决于作物种类及生育阶段、土壤类型等因素。

（2）灌水时间间隔的确定。两次灌水之间的时间间隔又称为灌水周期，是指在设计灌水定额和设计耗水强度的条件下，能满足作物需求，两次灌水之间的最长时间间隔。灌水周期取决于作物、水源和管理情况。北方果树灌水周期 3～5 天，大田作物 7 天左右。灌水周期可按下式确定：

$$T = I / E_a \qquad (2-10)$$

式中：T 为灌水周期，天；I 是一次灌水量，毫米；E_a 为微灌作物耗水强度，毫米/天。

（3）一次灌水延续时间的确定。单行毛管直线布置，灌水器间距均匀的情况下，一次灌水延续时间可由式（2-11）确定。

$$t = IS_e S_L / (\eta q) \qquad (2-11)$$

式中：t 为一次灌水延续时间，小时；I 为一次灌水量，毫米；S_e 为灌水器间距，米；S_L 为毛管间距，米；η 为灌溉水利用系数，η 取 0.9～0.95；q 为灌水器流量，升/时。

如果灌水器间距非均匀安装，可取 S_e 为灌水器间距的平均值。对于果树，每株树下安有 n 个灌水器时，则

$$t = IS_r S_t / (n\eta q) \qquad (2-12)$$

式中：S_r、S_t 分别为果树的株距和行距，米；其余符号意义同前。

（4）灌水次数与灌水总量。使用微灌技术，要轻浇、勤浇，因此，作物全生育期（或全年）的灌水次数比传统的地面灌溉多。根据实践经验，北方果树通常一年灌水 15～30 次，但在水源不足的山区也可能一年只灌 3～5 次。而灌水总量为生育期或一年内各次灌水量的总和。

3. 微灌系统工作制度的确定

微灌系统的工作制度通常分为续灌、轮灌和随机灌溉三种情况。不同的工作制度要求的系统流量不同，因而工程费用也不同。在确定工作制度时，应根据作物种类、水源条件和经济状况等因素作出合理选择。

（1）续灌。续灌是对系统内全部管道同时供水，灌溉面积内所有作物同时灌水的一种工作制度。它的优点是每株作物都能适时地得到灌水，灌溉供水时间短，有利于其他农事活动的安排。缺点是干管流量大，增加工程的投资和运行管理费用，设备的利用率低，在水源流量小的地区，可能缩小灌溉面积。因此，在灌溉面积小的灌区，例如几十亩至近百亩的果园，种植单一的作物时可采用续灌的工作制度。

（2）轮灌。轮灌一般是将支管分为若干组，由干管轮流向各组支管供水，而各组支管内部同时向毛管供水。轮灌制度减少了系统的流量，从而减少了投资，同时提高了设备利用率，增加了灌溉面积，因此，较大的微灌系统通常采用轮灌的工作制度。

轮灌组的个数取决于灌溉面积、系统流量、灌水器的流量、系统日运行最大小时数、灌水周期和一次灌水延续时间等。

对于固定式系统，按作物需水要求，轮灌组数目划分如下：

$$N \leqslant cT/t \qquad (2-13)$$

对于移动式系统，按作物需水要求，轮灌组数目划分如下：

$$N \leqslant cT/(n_移 \, t) \qquad (2-14)$$

式中：N 为允许的轮灌组最大数目，取整数；c 为一天运行的小时数，一般为 12～20 小时；T 为灌水周期，天；t 为一次灌水延续时间，小时；$n_{移}$ 为一条毛管在所管辖的面积内移动的次数。

轮灌组的划分通常是在支管的进口安装闸阀和流量调节装置，使支管所管辖的面积成为一个灌水基本单元，称为灌水小区。一个轮灌组可包括一条或若干条支管，即包括一个或若干个灌水小区。划分轮灌组时，应使每个轮灌组的面积和流量尽量接近，保证系统工作的稳定性和水泵的高效运行，从而减少能耗。

（3）随机灌溉。随机灌溉是指管网系统各个出水口的启闭在时间和顺序上不受其他出水口工作状态的制约，管网系统随时可供水。这种工作制度类似于城市自来水系统的工作制度，即假定每个农户的用水都不是确定的时间，但从总体上讲，服从某一种统计规律。随机灌溉系统的流量大小介于续灌和轮灌之间。随机灌溉一般在用水单位较多、作物种植结构复杂及取水随意性大的大灌区中采用。

4. 管网水力计算

微灌管道内的水流属于有压流，水力计算是压力管网设计非常重要的内容。水力计算的主要任务是确定各级管道的沿程水头损失和局部水头损失，确定各级管道的管径，计算各个灌溉小区入口处的工作压力，计算首部水泵所需扬程及各毛管入口处工作压力等。

5. 微灌系统的流量计算

系统流量的计算不仅为水泵选型提供依据，同时还可以估算系统的需水量。确定了流量，即可计算微灌系统能够控制的面积。

（1）毛管流量计算。一条毛管的进口流量为其上安装的灌水器或出水口流量之和，即

$$Q_{毛} = \sum_{1}^{N} q_i \qquad (2-15)$$

式中：$Q_{毛}$ 为毛管进口流量，升/时；N 为毛管上的灌水器或出水口的数目；q_i 为第 i 个灌水器或出水口的流量，$i=1, 2, 3, \cdots, N$，升/时。

如果毛管上安装的灌水器或出水口类型相同，可认为各个灌水器的流量相等，即 $q_1=q_2=q_i$，那么

$$Q_毛 = Nq_a \qquad (2-16)$$

式中：q_a 为灌水器的平均流量。

为了方便，设计时可用灌水器设计流量 q_d 代替平均流量 q_a，即

$$Q_毛 = Nq_d \qquad (2-17)$$

（2）支管流量计算。通常支管采用双向给毛管配水，但如果田面宽度或长度与可铺设的最大毛管长度相当或小于最大毛管长度时，则采用支管单向给毛管供水。若支管给毛管双向配水，且支管两边的毛管数相等时，则支管的进口流量为

$$Q_{支n} = \sum_{i=n}^{N}(Q_{毛Li} + Q_{毛Ri}) \qquad (2-18)$$

式中：$Q_{支n}$ 为支管第 n 段的流量，升/时；$Q_{毛Li}$、$Q_{毛Ri}$ 分别为第 i 排左侧和右侧毛管进口流量，升/时；n 为支管分段号，$n=1$，2，…，N。

支管进口流量（$n=1$）：

$$Q_支 = Q_{支1} = \sum_{1}^{N}(Q_{毛Li} + Q_{毛Ri}) \qquad (2-19)$$

当毛管流量相等，即 $Q_{毛Li} = Q_{毛Ri} = Q_毛$ 时，支管进口流量为

$$Q_{支n} = 2(N-n+1)Q_毛 \qquad (2-20)$$

$$Q_支 = 2NQ_毛 \qquad (2-21)$$

（3）干管流量计算。微灌系统干管的作用是能够向所有支管输送符合压力和流量要求的水流。续灌情况下，任一干管段的流量等于该段干管以下支管流量之和，即

$$Q_g = \sum_{i=1}^{N} Q_{Zi} \qquad (2-22)$$

式中：Q_g 为干管流量，升/秒；Q_{Zi} 为各支管流量，升/秒。

当采用轮灌时，任一干管段的流量等于通过该管段的各轮灌组中最大的流量，即

$$Q_g = \max(Q_{轮1}, Q_{轮2}, Q_{轮3}, \cdots) \qquad (2-23)$$

6. 沉淀池、蓄水池与镇墩的设计

（1）沉淀池。沉淀池能清除水中存在的固体物质。当水中含泥

沙多时，使用滤网式过滤器和介质过滤器将因频繁冲洗而失去作用，此种情况下设沉淀池可起初级过滤作用。另外，溶解在地下水中的二氧化碳，在沉淀池中因压力降低、水温升高而逸出，水的酸碱度增大，引起铁的氧化和沉淀。沉淀池为防止出口水流挟带沉沙，出口应至少高出池底 0.30 米；池底应有一定的坡度，并于池底最低处安装冲沙孔和节制阀，以便冲洗沉沙；沉沙池出口若为自压管道，要在管道进口以上留有足够水深，使管道能通过设计流量。

（2）蓄水池。蓄水池除调蓄水量外，也可起到沉沙、去铁的作用。蓄水池的出水口（或水泵进水口）应设在高出池底 0.30～0.40 米处，尽可能安装冲洗孔。温暖地区的蓄水池很容易滋生水草，对微灌系统工作影响较大，目前国内尚无好的解决办法，如能加盖封闭避光，可防止水草生长。当微灌系统既需沉淀池又需蓄水池时，设计时首先考虑二者合一的方案，根据工作条件尽可能减小容积、降低投资。

（3）镇墩。镇墩是指用混凝土、浆砌石等砌体定位管道，借以承受管中由水流方向改变等引起的推力，以及直管中由自重和温度变形产生的推、拉力。三通、弯头、变径接头、堵头、阀门等连接件处也需要设置镇墩。镇墩设置要考虑传递力的大小和方向，并使之安全地传递给地基。

第三节　施肥系统和施药系统

向喷灌或微灌系统注入可溶性肥料或农药溶液的设备及装置称为施肥（施药）装置。微灌系统中经常用的施肥装置有文丘里施肥器、旁通罐施肥器、开敞式肥料桶、注射泵等。

一、文丘里施肥器

文丘里施肥器主要由阀门、文丘里管、三通、弯头等部分组成。其工作原理是液体流经过流断面的缩小喉部时流速加大，产生负压，将肥料溶液从开敞式化肥罐内吸取上来。

（一）文丘里施肥器的优缺点及适用范围

1. 文丘里施肥器的优点

文丘里施肥器构造简单，没有运动部件，不需要额外动力，造价低廉，且使用方便。文丘里施肥器可以做到按比例施肥，在灌溉过程中可以保持恒定的养分浓度。该施肥装置省肥、省力，可节约化肥 40％以上，并保证庄稼产量不减，一个人一天可施 4 亩地。如果田里铺有地膜，传统的刨坑施肥方式会破坏地膜，而文丘里施肥器对地膜的损失最小，同时还能减少刨坑对作物根系的损失。另外，文丘里施肥器可以保证将肥料施入作物根部以下的恰当位置，减少化肥的流失和残留，从而可以减少对环境的污染，土壤也不易板结。

2. 文丘里施肥器的缺点

在施肥时，由于系统压力水头损失较大，吸肥量受到压力水头的影响，该系统只适用于面积不大的田地；同时，为了补偿水头损失，一般需要配置增压泵。文丘里施肥器中不能直接放置固体肥料，需将肥料溶解后再施用，增加劳动力。

3. 文丘里施肥器的适用范围

由于文丘里施肥器压力水头损失较大，导致流量较小，一般适用于面积不大的灌区，如温室大棚或小规模的农田。微灌系统的工作压力较低，可以采用文丘里施肥器。

（二）文丘里施肥器的注意事项

文丘里施肥器的注入速度取决于产生负压的大小（即所损耗的压力）。损耗的压力受施肥器类型和操作条件的影响，损耗量为原始压力的 10％～75％。选购时要尽量购买压力损耗小的施肥器。文丘里施肥器在使用中其上部阀门打开成 45°角时，施肥速度最快，效果最好，相应的压力损耗也最大。

使用时应缓慢开启施肥阀两侧的调节阀。每次施完肥后应将两个调节阀关闭，并将罐体冲洗干净，不得将肥料留在罐内，以免造成损失。应在文丘里施肥器前加装过滤器，以免造成文丘里施肥器的堵塞。施肥完毕后，应继续用清水冲洗管道，以免肥料在管道中形成沉积。

二、旁通罐施肥器

旁通罐施肥器也称为压差式施肥罐，由压差式化肥罐、过滤器、控制阀和连接件等组成。其工作原理是由两根细管分别与施肥罐的进、出口连接，然后再与主管道相连接，在主管道上两条细管接点之间设置一个截止阀以产生一个较小的压力差（20千帕），使一部分水流入施肥罐，进水管直达罐底，水溶解罐中肥料后，肥料溶液由出水管进入主管道，将肥料带到作物根区。

（一）旁通罐施肥器的优缺点及适用范围

1. 旁通罐施肥器的优点

旁通罐施肥器的优点是加工、制造简单，造价较低，不需要外加动力设备，维护方便，对系统流量和压力的变化不敏感，有较宽的稀释度。

2. 旁通罐施肥器的缺点

施肥过程中溶液浓度变化大，易受水压的影响，无法控制。施肥器的罐口较小，不方便肥料的倒入，罐体容积有限，添加化肥次数频繁且较麻烦。输水管道因设有调压阀而造成一定的水头损失，移动性较差，不适宜于自动化作业。施肥罐容易受到肥料腐蚀，耐用性较差，增加成本。

3. 旁通罐施肥器的适用范围

旁通罐施肥器适用于微喷灌、滴灌、渗灌等微灌工程，喷灌施肥时只用于喷洒叶面肥。它主要用于田间、果园及蔬菜大棚的施肥灌溉。

（二）旁通罐施肥器的注意事项

当罐体体积小于100升时，固体肥料最好溶解后倒入肥料罐，否则可能会堵塞罐体，特别是压力较低时。

对于含有杂质的肥料，在倒入施肥罐前先溶解并过$100\sim200$目的滤网。若直接加入固体肥料，必须在肥料罐出口处安装一个$1/2''$（$1''=2.54$厘米）的滤网式过滤器，或者将肥料罐安装在主管道的过滤器之前。

每次施完肥后，均应对管道用灌溉水进行冲洗，将残留在管道中的肥液排出。灌溉面积越大，输水管道越长，冲洗的时间也越长。肥液存留在管道和滴头处，极易滋生藻类、青苔等低等植物，堵塞滴头。在灌溉水硬度较大时，残存肥液在滴头处形成沉淀，造成堵塞，及时冲洗基本可以防止发生堵塞。

旁通罐施肥器需要的压差是通过调节入水口和出水口间的截止阀获得的。而灌溉时间通常多于施肥时间，不施肥时截止阀要完全打开，经常性地调节阀门可能会导致每次施肥的压力差不一致，从而使施肥时间把握不准确。

利用旁通罐施药会存在药物对罐体的腐蚀问题，因此应施药后及时清洗旁通罐。

三、重力自压式施肥器

重力自压式施肥器多应用在重力滴灌或微喷灌的场合。在南方丘陵地带，通常引用高处的山泉水或将山脚水源泵至高处的蓄水池。通常在水池旁边高于水池液面处建立一个敞口式混肥池，大小为 $0.5\sim2.0$ 米³，方便搅拌溶解肥料即可。肥液流出的管道安装在池底，出口处安装 PVC 球阀，与蓄水池出水管连接。池内用 $20\sim30$ 厘米长的大管径 PVC 管，并在管入口处用 $100\sim120$ 目尼龙网包扎。施肥时，打开主管道阀门，然后打开混肥池管道，肥液随着主管道的水流稀释带入灌溉系统中。施肥速度的快慢，可以通过调节球阀的位置进行控制。

（一）重力自压式施肥器的优缺点及适用范围

1. 重力自压式施肥器的优点

重力自压式施肥器的适用范围较广，设备成本低，操作简单，且可以沉淀水中的泥沙等杂质。重力自压施肥简单，施肥浓度均匀。

2. 重力自压式施肥器的缺点

蓄水池占用的空间较大，且要求建在高处，压力水头的可控性较小，灌溉施肥的时间较长；施肥控制的面积较小，单向供水的距离有限。

3. 重力自压式施肥器的适用范围

重力自压式施肥器在有大面积丘陵的山地果园、菜园、茶园及大田作物等条件下非常适合采用，在山顶处建立蓄水池，进行淋灌或滴灌非常方便。

（二）重力自压式施肥器的注意事项

在施肥结束时，需要继续灌溉一段时间，冲洗管道。若将肥料直接倒入蓄水池进行施肥，因为蓄水池体积较大，将整池水放干净不容易，池中会残留一部分肥液。另外，池壁清洗也困难，当再次蓄水时，易滋生藻类、青苔等，堵塞过滤设施。因此，应用重力自压式施肥器时，一定要将混肥池和蓄水池分开，不可共用。

四、其他施肥施药方式

（一）注射泵

注射泵在无土栽培技术应用较多的国家采用比较普遍，它是由泵将肥液从开敞的肥料罐中注入灌溉系统。泵一般采用耐腐蚀材料制成，或在与肥液接触的部件上涂上防腐层。注射泵是一种精确的施肥设备，能够控制肥料的用量和施肥的时间，便于移动，且没有水头损失，运行费用较低。但是，注射泵装置较为复杂，成本较高，且肥料必须溶解后才能使用，可能需要外部动力驱动。

注射泵在使用时，化肥或农药要放在水源和过滤器之间，经过过滤后再进入灌溉管道，以免堵塞管道和灌水器。施肥后必须用清水把残留的肥液冲洗干净，以免腐蚀设备。另外，在化肥输送管的出口处与水源之间要安装逆止阀，以防止肥液流进水源，严禁把化肥或农药直接加入水源而造成污染。

（二）泵吸肥法

泵吸肥法是利用离心泵吸水，管内形成负压，将肥料溶液吸入系统，通过滴灌管道输入作物根区，适用于面积在几十公顷以内的灌区。泵吸肥法是有压灌溉系统，主要用于统一管理的灌区，水泵一边吸水、一边吸肥。施肥时，先灌水，当运行正常时，打开施肥管阀门，肥液在水泵产生的负压作用下通过水泵进入水管，和水混合，然后通过出水口进入管网系统。施肥速度通过调节肥液管上的阀门进行控制。

泵吸肥法不需要外加动力，结构简单，操作方便，肥料浓度不需要调配，可以直接用敞口容器盛肥料溶液。通过调节肥液管上的阀门控制施肥速度，从而实现精确施肥。但缺点是在施肥时需要有人看管，在肥液即将施完时迅速关闭阀门，否则会吸入空气而影响泵的运行。此外，水源的水位不能低于泵入口10米。泵吸肥法的适用范围较广，平地或海拔60米以下的缓坡地均适用。

（三）泵注肥法

泵注肥法是利用加压泵将肥料溶液注入有压管道。加压泵产生的压力要高于输水管的水压才能将肥料压入管道。泵注肥法的施肥速度的可控性较强，肥液浓度均匀，操作方便，且不消耗系统压力。但是，泵注肥法需要单独配置施肥泵，成本较高。其适用范围较广，农田、果园均可采用此方法。

不同施肥装置的特点不同，分别适用于不同的条件，其主要性能比较见表2-2。

表2-2　不同施肥方法的比较

项　目	文丘里施肥器	旁通罐施肥器	重力自压式施肥器	注射泵
操作难易程度	中等	容易	容易	难
固体肥料施用	需配置营养母液	可以	需配置营养母液	需配置营养母液
液体肥料施用	可以	可以	可以	可以
出肥液速度	小	大	可控	大
肥液浓度控制	中等	无	良好	精确
流量控制	中等	良好	良好	精确
水头损失	很大	小	小	无
自动化程度	中等	低	低	高
费用	中等	低	最低	高

第三章 大田作物水肥药
一体化技术应用

第一节 春玉米水肥药一体化技术方案

就目前而言，我国的玉米种植面积不断增加，但玉米田的水肥药一体化技术应用范围相对较小。整体来讲，我国水肥药一体化技术在实际应用过程中还是相对落后，这也在一定程度上限制了该技术在大田作物增产中的贡献。戴爱梅等研究显示，玉米种植过程中应用水肥药一体化技术能够在很大程度上节约水资源、肥料和农药，并且还能有效地提升肥料使用效率。所以说，一定要加强该技术在不同玉米种植中的应用推广，以此来进一步发挥出该技术的价值。

一、设备铺设及种植安排

（一）膜下滴灌
沿播种沟膜下铺设滴灌带（管），采用单向直线布设（顺玉米行间布置）。模式为：一膜一带，滴灌两行玉米，滴孔间距30厘米。支管垂直毛管双侧布置，干管垂直于支管连接并与毛管平行，主管与干管和水泵出口连接，将水源引入田间。

（二）机械种植
利用玉米膜下滴灌专用播种机播种。该机是一种新型多功能联合作业播种机，可一次性完成开沟、播种、施肥、覆膜、铺设滴灌带、喷施除草剂、覆土压膜等多道工序，省工、省时、播种质量高。

（三）水肥耦合技术

根据肥随水走、少量多次、分阶段拟合的原理，按照玉米不同生育时期需肥、需水规律，合理分配灌溉水量和施肥量，制定科学的灌溉施肥制度，充分满足玉米不同生育时期水分和养分需求。

（四）大小行适度加密

大小行种植有利于增加通风，提高作物下部采光，改善农田小气候。平均行距 55 厘米，株距固定为 22.5 厘米。该方式可提高光能的利用率，利于滴灌节水灌溉。玉米膜下滴灌模式下，株距 20 厘米，小行距 40 厘米、大行距 70 厘米，平均行距 55 厘米，理论留苗 6 000 株，窄行铺设管道。

根据玉米生长不同时期需肥规律，利用水利管道工程系统，将肥料溶于水中加压后，将混合后的溶液顺管道滴入植株根部，满足作物生长对养分的需求。这样做省肥、省水、省工、增产。

二、水肥药一体化技术方案

播前喷洒除草剂。使用乙草胺进行土壤表面喷雾，喷后立即进行对角线耙地混匀。每亩用 50% 乙草胺 100～150 克，90% 乙草胺 80～100 克，兑水 30～40 千克喷雾。

采用联合作业播种机可完成整地、铺管、覆膜、播种、施肥等基本操作，播深 3.5～4 厘米，深浅一致，齐苗期 3～4 天，比常规种植玉米提前出苗 6～7 天。

播后及时"查种、补种、安装毛管"，确保全苗；早滴出苗水（播后 1～2 天），每亩滴水 20 米³ 左右。

3 叶期滴肥。一般尿素 2.5 千克/亩，磷、钾肥 2 千克/亩，亩滴水量 15 米³ 左右。

拔节期滴肥、滴水。一般尿素 5 千克/亩，磷酸二氢钾 2 千克/亩，亩滴水量 15 米³ 左右，叶片 7～8 片。品种和年份不同拔节期有差别。

拔节至抽穗阶段管理：此期为大喇叭口期，是水肥管理的关键时期，也是促穗多、穗大、粒多的关键时期。丰产苗的长相是田

间群体均衡发育，单株生长整齐，健壮，根粗、量多，茎节粗
短，叶片宽厚，叶色深绿，雌雄穗发育良好。管理措施主要是滴
水、滴肥，亩滴水量 20 米^3，滴尿素 7.5 千克/亩、磷酸二氢钾
3 千克/亩。

抽雄至灌浆成熟期管理：丰产田玉米长相是群体整齐、单株健
壮、穗大粒多、植株青绿、后期正常缓慢落黄。此期的管理措施是
水肥运筹保持植株青绿，田间湿润，确保土壤不干燥，同时要防叶
螨和叶蝉危害。

生产 100 千克玉米籽粒需氮（N）2.5 千克、磷（P_2O_5）1.2
千克、钾（K_2O）2 千克。目标产量 1 100 千克，需纯氮（N）
27.5 千克、磷（P_2O_5）13.2 千克、钾（K_2O）22 千克。肥料施用
情况和水分状况见表 3-1、表 3-2。

表 3-1　玉米种植氮、磷、钾肥料基施、追施比例（%）

肥料种类	氮肥	磷肥	钾肥
基肥	15	60	25
追肥	85	40	75

表 3-2　玉米适宜土壤含水量下限（%）

项目	苗期-拔节期	拔节-孕穗期	孕穗-扬花期	扬花-灌浆期	灌浆-成熟期
灌溉土壤含水量下限	60	70	75	80	60

注：苗期-拔节期适宜土壤湿润深度为 20 厘米，其他时期均为 40 厘米。

病虫害水药一体化管理：地老虎、玉米螟的防治可采用滴灌施
药。地老虎发生盛期，结合滴水、滴肥之际，可滴辛硫磷 150 克/
亩＋水胺硫磷 100 克/亩防治地老虎及玉米螟地下虫蛹和幼虫。在
滴头水时，采用 70%滴滴净 100 克＋47%丁硫克百威 100 克＋农
药增效剂 30～50 克，每隔 15 天滴施 1 次，连续滴 2 次以上，可有
效防治玉米螟、三点斑叶蝉、红蜘蛛等害虫。

第二节 棉花水肥药一体化技术方案

棉花膜下滴灌水肥药一体化技术在我国的新疆地区广为推广应用，并形成了较为成熟的技术体系。该技术是通过地膜植棉和水肥药一体化技术的有机结合形成的一种高效、节水、节肥、增产、增效的棉花种植技术。棉花膜下滴灌栽培需从棉花的品种选择、种植模式、滴灌系统田间布置、灌水施肥、田间管理及病虫害防治等多方面进行有机结合，达到膜下滴灌条件下的棉花优质、高产、高效种植。

截至 2013 年底，新疆高效节水灌溉面积达到 3 773 万亩，占灌溉面积的 35%，成为世界最大的农业高效节水灌溉集中区。以滴灌为主的高效节水灌溉技术与传统地面灌溉比较，减少了灌溉水量 30%～50%。滴灌施肥的氮肥利用率由地面灌溉施肥的 30% 提高到 70%～80%，磷肥利用率由 20% 提高到 30%～40%。滴灌既节约了化肥和农药，又有效控制了农业的面源污染。新疆棉花种植已基本全部实现膜下滴灌。

一、施肥量推荐

新疆种植棉花，耕地一般需要秋翻和冬春灌（干播湿出除外），灌水定额每亩 80 米^3 左右。棉花种植规格分人工采摘模式和机械采摘模式两种。沙壤土地施基肥：农家肥每亩 2～3 吨或油渣 100 千克，磷酸二铵或重过磷酸钙每亩 20～25 千克，尿素每亩 5～12 千克，钾肥每亩 5～8 千克。沙壤土地追肥：尿素每亩 30～40 千克。壤土地施基肥：农家肥每亩 1.5～2 吨或油渣 100 千克，磷酸二铵或重过磷酸钙每亩 18～23 千克，尿素每亩 5～12 千克。壤土地追肥：尿素每亩 25～35 千克。

二、滴灌系统及地面管网安装

毛管安装：①在棉花播种前，将购置的滴灌毛管、地膜、棉种等在播种时通过播种机一次完成，即同时完成棉花播种、毛管铺设、覆膜工作。②一般机采模式行距为 10 厘米＋66 厘米＋10 厘米＋66 厘米、人采模式行距为 20 厘米＋40 厘米＋20 厘米＋60 厘米，沙土为一膜一管两行，黏壤土为一膜一管四行种植。

支管安装：①完成棉花播种、毛管铺设、覆膜工作后，开始安装 PE 支管，按照其在原始滴灌系统中的安装位置铺设安装，然后与干管和毛管连接，恢复滴灌系统。②装好支管后开启水泵逐次冲洗各支管和毛管；检查滴灌系统安装恢复情况是否完善，若有漏水现象，应及时处理；使滴灌系统随时可以进入工作运行状态。

三、滴灌运行管理程序

根据土壤墒情或棉花生长的需水规律以及确定的棉花滴灌生产灌溉制度（把灌水定额折算成滴灌系统打开的时间），打开相应分干管闸阀、支管球阀和对应灌水小区的球阀进行灌溉。当一个轮灌小区灌溉结束后，首先开启下一个轮灌组，然后再关闭当前轮灌组，一定要先开后关，严禁先关后开。系统应严格按照设计压力要求运行，以保证系统运行正常。

种植户可根据气候、耕地墒情、机械准备和综合生产计划的实际情况进行播种。在棉花播种时，采取适墒适时播种或干播湿出方式进行播种。对于干播湿出方式，棉花播种可以根据当地气象条件，在合适的气象条件下（当地连续 3 天的气温稳定通过 15℃时），通过滴灌系统滴入出苗水，出苗水灌水定额每亩 20 米^3 即可，干播湿出棉花生产在 5 月下旬滴灌出苗水。

棉花出苗后应及时放苗培土封口，棉苗一片真叶时定苗，两片真叶时定苗结束。严禁留双苗，做到一穴一苗，定苗后及时用机械中耕，收获株数保证在每亩 1.4 万～1.8 万株。定苗后及时控水"蹲苗"，以促进棉花根系发达，培育壮苗。第一水根据土壤墒情和棉花长势在 6 月上旬进行。

棉花出齐苗后，两片子叶展平转绿时进行第一次化控，长出

2~3片真叶时进行第二次化控，第一次滴水前进行第三次化控，7月上旬打顶结束后进行最后一次化控。在棉花生育期间，可根据气候和土壤墒情进行化控，以水控为主、化控为辅。

对于适墒适时播种方式，棉花生育期间，6月5日前后滴出苗水。在水源供水保证率达到90%以上时，根据土壤墒情或4~5天为灌水周期进行滴灌灌水，9月上旬停止灌溉，整个生育期灌水20次左右。灌水定额根据棉花各生育时期需水规律确定，灌溉定额：壤土棉田每亩250米^{3}左右，沙壤土棉田每亩300米^{3}左右。在水源供水保证率只能达到75%时，壤土棉田滴水8~10次，8月下旬停水；沙壤土棉田滴水10~12次，9月上旬停水；每次灌水定额每亩25~30米^3。

灌水期间需定期对管网进行巡视，检查管网是否破损，如有漏水应立即处理；系统运行时，应经常检查压力表读数，保证系统在正常压力范围内运行；每年在系统第一次运行时，应认真做好调试工作。当系统种植作物发生变化或毛管铺设间距、毛管流量变化时，应重新拟定轮灌编组，保证灌溉质量。

四、水肥和水药一体化管理

基肥：有机肥、磷肥、钾肥和20%的氮肥作为基肥播种前深翻施入。

追肥：剩余的80%氮肥结合生育期滴灌施入。第一次，始蕾期，每亩2~3千克；第二次，盛蕾-初花期，每亩3~4千克；第三次，初花-盛花期（初花期后2周），每亩4~5千克；第四次，花铃初期（当棉花植株有第一个棉铃铃壳正常开裂见絮为吐絮，棉田吐絮株数达50%时为吐絮期，从开花至吐絮所经过的这个时期称为花铃期），每亩4~5千克；第五次，盛花结铃期（棉花生长由营养生长为主转变为生殖生长为主的阶段），每亩5~6千克；第六次，结铃期，每亩4~5千克；第七次，铃期，每亩2~3千克；第八次，铃期，每亩1~2千克。

96%异丙甲草胺70毫升/亩随水滴灌可防治棉田稗子草、狗尾草、龙葵，对苋菜的防除效果为 100%。

在棉蚜发生初期，随滴灌滴入 20%吡虫啉可溶液剂 50 毫升/亩，25 天后蚜虫防效 100%，同时很好地保护了蚜虫的天敌昆虫（以瓢虫、草蛉、食蚜蝇为主）。或以 70%噻虫嗪 25 克/亩，经二次稀释后随水滴施，在停止滴水前 40 分钟把农药放入肥料罐中滴施，可有效防除棉蚜。随水滴施 22%氟啶虫胺腈悬浮剂 10 毫升/亩也可以起到防治棉蚜的效果。

在棉花黄萎病发病高峰前期滴施枯草芽孢杆菌可湿性粉剂，用量 3 千克/公顷，分 2 次滴施可有效降低棉花黄萎病病情指数，增产增效。

第三节　马铃薯覆膜滴灌水肥药一体化技术方案

一、品种选择

根据当地气候条件及上市预期，选择适宜的品种，选择完整、无冻伤、无病害、薯皮光滑、有原品种特征的幼嫩薯块，以保证马铃薯的正常生长。目标产量 3 000 千克/亩。

二、地膜覆盖、机械种植

4 月上、中旬，土壤温度稳定通过 7℃时可进行播种，采用马铃薯专用播种机进行机械播种，可一次性完成开沟、起垄、播种、施肥、覆膜、铺设滴管带、覆土压膜等工序。采用幅宽 1 米、厚度 0.008 毫米白色地膜进行覆盖。亩用种量 150 千克。马铃薯种植耕深为 20 厘米左右，采取大垄双行种植模式，大垄 1.3 米，垄高 35 厘米，大行 102 厘米，小行 28 厘米，株距 28 厘米，种植密度 3 800 株/亩。采取大垄双行种植模式，可以大大提高马铃薯单株的结薯数，提高大薯的比例，并且减少绿薯。同时，大小行种植有利于增加通风，提高作物下部采光，改善农田小气候，最终提高马铃薯的产量。

三、管网布置模式

管网布置模式为：一膜一带，滴灌两行马铃薯，滴孔间距 30 厘米。支管垂直毛管双侧布置，干管垂直与支管连接并与毛管平行，主管与干管和水泵出口连接，将水引入田间。按照肥随水走、少量多次、分阶段拟合的原则，按照马铃薯不同生育时期需肥、需水规律，合理分配灌溉水量和施肥量，制定科学的灌溉施肥制度，充分满足马铃薯不同生育时期水分和养分需求。

四、肥水管理

偏碱性土壤基肥可施用过磷酸钙 40 千克/亩，调节土壤酸碱度；偏酸性土壤施用马铃薯专用复合肥（15 - 15 - 15）80 千克/亩。追肥通过滴灌，在现蕾期、盛花期、闭花期（膨大期）各追一次，累计每亩追施硝酸钾 40 千克、硝酸钙镁 20 千克、尿素 14 千克。每次用量氮（N）和磷（P_2O_5）的比例为 1∶3、1∶2、1∶2。每次追肥结合浇水进行。浇水原则是土壤见干即浇，保持土壤湿润状态。每次用水量 12～15 米^3/亩。

五、病虫害防治

危害马铃薯的地下害虫主要包括金针虫、蛴螬、蝼蛄、地老虎等。农业生产中有多种防治措施。

（1）农业防治。秋季深翻地，减少越冬虫源，清除田园及周边杂草，减少幼虫和虫卵数量。

（2）物理防治。田间安放杀虫灯或性信息素诱捕器诱杀成虫，控制虫源基数；杀虫灯每 30～50 亩一盏灯，灯间距离 150～180 米，离地面高度 1.5～1.8 米；性诱剂诱捕器每亩设置 1 个，设置高度离马铃薯植株顶端 20 厘米左右。

（3）毒饵诱杀蝼蛄和地老虎。将麦麸、豆饼粉碎做成饵料炒香，每 5 千克饵料加入 90% 晶体敌百虫 30 倍液 0.15 千克，并加适量水拌匀，每亩 1.5～2.5 千克顺垄撒施。

（4）化学防治。可选用噻虫嗪拌种或沟施，也可选用氯氟氰菊酯或噻虫嗪随水滴灌。

（5）生物防治。播种时可选用绿僵菌或白僵菌、苏云金杆菌等生物制剂混土处理。

开花前用 250 克/升嘧菌酯滴灌，对防治马铃薯炭疽病效果显著。马铃薯早疫病的防治一般在花蕾期第一次喷药，以后每隔 12 天喷药一次，共计 3 次，用药种类为代森锰锌、高效氯氰菊酯等低毒低残留农药。或在薯苗出齐后进行第一次病虫害防治时，用甲霜灵锰锌、代森锌可湿性粉剂 800 倍液或氟菌·霜霉威 800 倍液加高效氯氰菊酯乳油 2 000 倍液交替喷雾，每隔 7 天喷一次，连喷 2～3 次可防治马铃薯病虫害。当植株进入初花期后，每亩用 0.2 千克磷酸二氢钾并根据需要加入杀菌剂、杀虫剂兑水 30 千克喷雾，每隔 7 天一次，连喷 2～3 次。

在马铃薯栽培中运用水肥药一体化技术，实行全封闭管理，使虫害的源头被切断，不需要使用大量的杀虫剂，加强了食品的安全性，减少了对土壤及环境的污染，具有很高的推广价值。

第四节　甘薯膜下滴灌水肥药一体化技术方案

甘薯水肥药一体化栽培是集灌溉、施肥与预防土传性病害于一体的农业新技术。该技术借助水肥一体化系统，将可溶性固体、液体肥料或者预防甘薯土传性病虫害的杀菌剂、杀虫剂，按照一定的比例配兑成肥液或者药液，与灌溉水一起均匀、定时、定量地滴灌到甘薯根系生长区域，使甘薯根际土壤养分、水分始终保持适合甘薯安全生长发育的状态。甘薯水肥药一体化具有诸多优势：能够精准施肥，防止甘薯生长发育期间任何缺素症状的出现；肥效快，养分利用率高，同时对甘薯生长后期地下害虫的防治起到高效低毒的灭杀效果，在一定程度上可以规避因过量施肥、过量用药而造成对土壤、水体等的污染。下面具体介绍甘薯水肥药一体化栽培技术。

一、科学耕耙与精准施肥

春耕春耙改为冬耕春耙。耕翻的土壤，在冬季通过冻融交替改善土壤理化性状、提高土壤通透性的同时，将部分潜伏在地下的害虫越冬蛹，耕翻到地表，通过鸟食、冷冻等方法减少有害蛹的田间存有量；寄生在前茬作物秸秆上的致病菌，耕翻到地表后，通过阳光紫外线的作用，降低致病菌的活性，从而实现防虫、防病、清洁田园的目的。根据农家肥与化肥不同作用特点，采取分次施肥法，即结合冬耕施用农家肥，一般地块每亩施用完全腐熟农家肥 1 500～2 000 千克，常年不进行秸秆还田的地块适当增加施肥量。春耙起垄时施用化肥，每亩施入 30%腐植酸型复合肥或者 45%硫酸钾型复合肥（15 - 15 - 15）40～50 千克、50%硫酸钾 15～20 千克，2/3 撒施，1/3 起垄时条施，以利于培肥地力，提高肥效。

二、提高起垄质量

甘薯水肥药一体化栽培对起垄质量要求较为严格，垄顶宽不能低于 20 厘米且平整，垄背上无大坷垃、无凹凸不平处。垄距 90 厘米，做到垄直顶平。

三、选用壮苗

根据土壤特性及甘薯市场需求选用甘薯品种。沙土地，因其肥力低，选用耐瘠薄的甘薯品种，如济薯 26、烟薯 25、济薯 25 等；肥力较好的地块，选用商薯 19、龙薯 9 号等。栽植壮苗是提高成活率的关键，甘薯壮苗标准：具有本品种特征，苗龄 30 天以上，秆粗壮，叶片浓绿且肥厚，每百株重 0.5 千克，不携带任何病虫害特别是黑斑病、根腐病、甘薯病毒病（SPVD）及茎线虫病。

四、高剪苗与药剂蘸根

高剪苗能够有效预防甘薯病虫害，如黑斑病、根腐病及茎线虫病等，避免通过薯苗在田间传播蔓延。采苗前，要严格调查苗床病害特别是 SPVD 发生与否，对有 SPVD 病株的苗床，提前单独清理 SPVD 病株及薯块，远离苗床深埋，埋深不得低于 1 米，采用 20％吗胍·乙酸铜可湿性粉剂 300 倍液喷施防治。高剪苗可使用 800～1 000 倍高锰酸钾溶液消过毒的剪刀，在距离地表 3～4 厘米处剪苗，剪后苗放在塑料布或者编织袋上，防止根结线虫病及其他土传性病害通过伤口传播。甘薯苗栽植前，采用药浆蘸根，药浆配制：20％三唑磷乳油 50～75 克、80％多菌灵可湿性粉剂 100～150 克与 20 千克过筛细土混合均匀后，加清水适量搅拌成泥浆。注意事项：蘸根时不得蘸在叶片上，蘸后的甘薯苗不得直接放在地上。结合栽植穴施：10％噻唑磷颗粒剂，每亩用量 1.5～2 千克；1.5％辛硫磷颗粒剂，每亩用量 3～5 千克，拌沙土 20～25 千克穴施。栽植方法可根据当地土壤质地调整，沙土一般采用直栽法，壤土或黏土可以采用平栽法。

五、查苗、补苗

中耕栽后 3 天及时查苗，结合清理弱苗、病苗及死苗补栽壮苗，争取补一棵活一棵。通过垄上浅中耕，做到垄背和垄顶无坷垃、表面平整。

六、设备的安装及调试

水肥药一体化设备包括施肥器、滴灌带、滴灌管（主管道）及稳流器等。安装设备要合理布局，滴灌管位于水源一侧与垄垂直，进水口与施肥器相连。通过稳流器连接滴灌带，每一垄垄顶上摆放一条滴灌带，滴水间距与甘薯株距相当。滴灌设备安装后，经过调试各设备工作正常、水无跑漏现象即为合格。选择晴天下午在甘薯栽植垄上覆盖黑色地膜，注意拉紧压实，边覆膜、边掏苗，掏苗时尽量减少地膜破损，破损处及时用土压实盖严。

七、水肥药一体化管理

甘薯缓苗期，结合滴灌每亩使用 150 亿孢子/克白僵菌可湿性粉剂 1 千克或者 40%辛硫磷乳油 1 千克，在促进甘薯缓苗的同时，防治地下害虫，如金针虫、地老虎、蛴螬等对甘薯幼苗的危害。7 月中下旬，薯块进入快速膨大期，结合滴灌追施含钾量较高的肥料，如每亩追施水冲肥（10 - 5 - 40）5 千克或磷酸二氢钾 3～5 千克。8 月中旬，根据植株长势及气候状况，确定浇水次数、施肥种类及施肥量。对于易感黑斑病的品种，7 月上旬结合滴灌，每亩使用 80%福美双水分散粒剂 1 千克或 80%多菌灵可湿性粉剂 1.2 千克；茎线虫病发生严重的地块，加入 1.8%阿维菌素乳油，每亩用量 1.5 千克，随水滴施到甘薯根部。

滴灌施肥时，首先将肥料在施肥罐内溶解好，先浇 5～10 分钟清水，然后将肥随水施入。施肥结束后，再浇 5 分钟的清水，冲洗管道内残余肥料。滴灌施药时具体方法同上，但要注意施药时间应在每次滴灌结束前为宜，以免降低施药浓度，影响防治效果。

八、科学化控

甘薯茎蔓生长旺盛，不但影响薯块的正常膨大，而且极易引起甘薯病虫害，采用植物生长调节剂控制茎蔓生长，可使同化产物更多地向地下部转移，促使薯块膨大。植物生长调节剂有助壮素、多效唑以及烯效唑等。以烯效唑化控为例，一般年份，甘薯栽植 50 天后，每亩用 5%烯效唑可湿性粉剂 36～50 克兑水 30 千克与 0.3%磷酸二氢钾混合叶面喷施，重点喷施甘薯茎尖的生长点。甘薯茎叶生长势强的地块，间隔 7～10 天以相同的方法再喷施 1 次。需要注意的是，植物生长调节剂喷施不当往往对下茬作物造成不利影响，主要表现为植株生长速度缓慢甚至停止生长、叶片肥厚、节间短、产量低，因此甘薯喷施植物生长调节剂时，以覆盖地膜的地块使用较为安全，喷施时以甘薯茎叶为主，尽量减少或者避免药液落地。

第四章　果园水肥药一体化
技术应用

果园水肥药一体化技术是将灌溉、施肥和施药有机结合的农业新技术，可根据土壤养分含量和果树需肥、需水特性，将水分、肥料同时供给，并且精确控制灌水量、施肥量、灌溉次数和施肥时间，在种植期间通过灌溉施肥设备可同时实现地上喷雾防治病虫害的效果，从而达到以水调肥、以肥促水、以肥减药、合理及时大面积防治病虫害的目的，大幅度提高了肥料利用率和农药防治效果，也起到了节水、节肥、节药的作用。滴灌、喷灌和微喷灌是现今果园生产过程中较为普及的灌溉方法。

第一节　密植苹果园水肥药
一体化技术方案

一、技术概述

随着整形修剪等树上管理技术的普及和提高，肥水管理和病虫害防治的人工投入逐渐成为许多果园增产增收的瓶颈。近年来，随着农村劳动力的减少和劳动成本的提高，果园人工开沟施肥和施药成本逐年增加。水肥药一体化技术不但是果园规范建设管理的趋势，也是果园施肥灌溉技术和病虫害防治发展的方向和潮流，它不但能大幅度提高水肥利用效率，减少化肥施用量和农药施用量，而且可以节约经营成本，实现规模化经营。

根据果园面积、水源、动力和资金投入等情况，推荐在农户果园实施重力自压式简易灌溉施肥系统、加压追肥枪注射施肥系统；在公司和合作社规模化果园，实施小型简易动力滴灌施肥系统、大型自动化滴灌施肥系统等水肥药一体化模式。水肥药一体化可以确保苹果树高效、速效、精准吸收养分水分。传统施肥，肥料施入土壤后，等天下雨，失去可控性，往往造成肥效滞后，与果树生长节奏不符，造成果树生长紊乱。而肥、水、药结合非常有利于树体对肥料的快速吸收及病虫害防治。在土壤溶液中，根系可以直接吸收利用，快速补充养分。少量多次施肥可在时间、肥料种类及数量上与果树需肥规律达到完美的吻合，符合果树生长规律和节奏，减少土壤养分的淋溶等损失。

二、水肥药一体化模式选择

(一)重力自压式简易灌溉施肥系统

重力自压式简易灌溉施肥系统是利用果园自然高差或者三轮车车厢储水罐的高差，采取重力自压方式，将配好的肥水混合物溶液，通过铺设在果园的简易滴灌带系统滴入果树根系密集区域的一种供水施肥模式。

1. 适用范围

适宜果园面积为 1～10 亩。水源来自自来水、水窖或池塘水沟中富集的雨水等。

2. 需要设备

三轮车、储肥水罐（最好可存 1 000 千克水），主管用 PVC 管或 N80 地埋管，毛管用硬质 PE 迷宫式滴灌管或侧翼贴片式滴灌带等。

3. 设备的组装及准备

水源与滴灌管高差需在 1.5 米左右。主管带一般选用 N80 型（直径 80 毫米或 50 毫米）的水带。滴灌带单根长度一般为 40～50米，如果果园土地长度超过 60 米，可将主管带从果园地中间向两边进行铺设。为保证灌水均匀，在主管带上打孔安装滴灌带时，尽量打小一点，保证管道的密闭性和适当的压力。对于冠幅较小（冠径小于 1.5 米）的宽行密植果园，每行果树在树干附近铺设一条滴灌带即可；对于冠幅较大的果树，则需要在树行两边树冠投影外缘向树干方向 30～50 厘米的位置铺设两条滴灌带。

4. 用水用肥量

自压式滴灌每亩用水 5～8 米³/次，可根据土壤水分状况和果园情况灵活掌握。全年 5～6 次，根据土壤含水量灵活掌握，每年每亩施肥水 30～50 米³ 及以上。肥料采用液体水溶肥或固体水溶肥，肥料溶液浓度为 0.5％～1％。

5. 使用方法

配肥时采用二次稀释法，首先用小桶将复合肥和其他水溶肥化开，然后再加入储肥罐。小桶混合的肥料溶液在加入大罐时，一定要用 80～100 目滤网进行过滤，防止堵塞滴灌带滴孔。对于少量水不溶物，可加水溶解后再加入大罐。储肥罐和果园的高差在 1～3 米即可，不宜过大。高差过大时，简易滴灌带可能会出现射流现象。一般每次灌溉水量应当控制在 8 米³/亩左右；对于水源不方便的区域，每亩每次滴水量不应低于 2 米³。干旱时，应加大滴灌水量；下雨后施肥可以适当减少水量。施肥时，应当尽量采用少量多次的方式。如果果园滴灌系统自动化程度高，施肥简单方便，合理的施肥次数全年应当在 10～15 次，每亩每次施有机无机类液体肥 15～20 千克，无须再施基肥。

6. 使用效果及其注意事项

重力自压式简易灌溉施肥系统主要是利用高差自压滴灌，借助果农打药的三轮车和储水罐，只需要购买几十米主管带（长度根据地形确定）和滴灌带、连接的阀门接头即可。安装简单，无须额外能源。由于滴灌带价格低廉，使用 1～2 年后可重新铺设，因此，整个简易灌溉施肥系统对水质等要求不是很严格，适合我国大部分果区，特别适合一家一户 1～10 亩果园使用。根据滴灌管道材料不同，每亩地只需投资 100～500 元，即可实现简易滴灌，非常容易被广大果农接受。滴灌速度快、效果好，每罐肥水（约 1.5 米³）只需 40 多分钟就可滴完，而且各滴头出水量均匀，在土壤中形成典型倒漏斗形湿润区，节水、节肥，土壤不板结。果农安装完开始滴肥后，可实现无人值守，可继续干农活。缺点是果园地面必须较为平整，高低不平就会出现滴水不均现象；拉水滴灌效率较低，不适于较大面积的果园。这种施肥模式具有设备简单、安装方便、效果好、省力花费少等特点。

（二）加压追肥枪注射施肥系统

加压追肥枪注射施肥系统是利用果园喷药的机械装置（配药罐、药泵、三轮车、高压软管等）并稍加改造，将原喷枪换成追肥枪，追肥时将要施入的肥料溶于水后，药泵加压后用追肥枪注入果树根系集中分布层的一种供水施肥方式。

1. 适用范围

该系统适宜于水源较少的干旱区域或水费贵、果园面积小且地势不平、地势落差较大的区域，适宜果园面积为 1～5 亩，较适合我国绝大多数小规模经营果园使用。该系统对肥料的要求较低，可以选用溶解性较好的普通复合肥，不需要用昂贵的专用水溶肥。水源主要是自来水、水窖或沟底池塘中富集的雨水。

2. 需要设备

该系统的主要设备为三轮车、柱塞加压泵、储肥水罐（最好可存 1 000 千克水）、8 毫米高压软管、追肥枪。在原有打药设备的基础上，仅一次性投资 100 元买追肥枪。

3. 设备的组装及准备

系统组装：将高压软管一边与加压泵连接，卸下农用机动喷雾器开关前端喷杆，另一边与施肥枪连接，将带有过滤网的进水管、回水管以及带有搅拌头的出水管放入储肥罐，检查管道接口密封情况，将高压软管顺着果树行间摆放好，防止管打结而压破管子，开动加压泵并调节好压力，开始追肥。如果采用一把枪施肥，另外一根出水管可安装搅拌头用于搅拌，加压泵的压力调在 200～250 千帕即可。如果用两把枪同时施肥，可根据高压软管的实际情况，将压力调到 250～300 千帕。用两把枪时应避免两把枪同时停止施肥，防止瞬间压力过大压破管子。

4. 用水用肥量

每次亩用水量 1～2 米^3，可根据降雨和土壤水分状况适当调节水量。追肥枪追肥水每次 5～15 千克/株，全年追施肥水 4～6 次，每亩每年施肥水 9 000 千克以上。所用肥料可为液体水溶肥或固体水溶肥，一般无机复合肥料浓度为 2％～4％，不要超过 4％，有机肥料浓度也不要超过 4％，浓度过高，容易引起根系烧根死亡。对于特别干旱的土壤，还应当增加用水量；对于新栽幼树，肥料浓度应降低到正常施用量的 1/4～1/2。

5. 使用方法

配肥时同样采用二次稀释法。首先用小桶将水溶性无机、有机肥溶解，再依次加入储肥罐，在加入大罐时要用 60～100 目纱网进行粗过滤，对于少量水不溶物则应弃去，最后再加入微量元素、氨基酸等冲施肥进行充分搅拌。注射施肥的区域是沿果树树冠垂直投影外围附近的根系集中分布区域，向下 45°斜向打眼，用施肥枪将水溶肥注入土壤中。施肥深度在 20～30 厘米，根据果树大小密度，每棵树打 4～12 个追肥孔，每个孔施肥 10～15 秒，注入肥液 1～1.5 千克，2 个注肥孔之间的距离不小于 50 厘米。

6. 使用效果及其注意事项

据初步调查，施肥枪土壤注射施肥，其用工量是传统追肥的 1/10～1/5，大量节省用工量，而且省时，用 1 个追肥枪 2 小时就可施 1 亩地的肥，如果用 2 个施肥枪同时施用，用时更少，3 亩地半天时间完成。其还可以避免大水灌溉造成的土壤板结和肥料流失，不损伤果树根系，不损伤果园土壤结构。设备维护简单，追肥完毕后，可以将相关设备收入库房，避免设备长时间暴露空气中老化，发生堵塞现象可以及时发现处理等。缺点是效率较低，不适于较大面积果园。对于树势偏弱、挂果量大以及腐烂病、轮纹病、溃疡性干腐病（冒油点）严重的果园，或者春季没有追肥的果园，可在挂果初期连续追肥 2 次，间隔半个月；可适当多施，反之适当少施。对于连年施农家肥的果园，由于地下害虫较多，可以在肥水中加入杀虫剂。对于根腐病严重的果园，可在肥水中加入杀菌剂，施用浓度与叶面喷施相同。干旱地区使用水溶肥时，每千克肥料加水 25～40 千克。加水量应视土壤墒情而定，墒情好则少加水，墒情差则多加水。雨后或灌溉后追肥，每千克肥料加水 20～30 千克，用施肥枪注入土壤中。在地膜、地布覆盖的果园，无须将土壤覆盖物揭开，通过膜边缘注射施肥等，可与旱地果园覆盖保墒技术完美配合，达到水分、养分的同时高效利用。

（三）小型简易动力滴灌施肥系统

小型简易动力滴灌施肥系统是通过修建简易蓄水系统获得周年稳定水源供应，配备手动或半自动过滤系统和加肥系统，田间主管和支管采用耐压式塑料管并进行地埋处理，滴灌管采用 PE 硬质毛管，配有迷宫式紊流滴头或者压力补偿滴头，通过动力水泵加压进行滴灌施肥。

1. 适用范围

该系统一般适用于果园面积在 30～200 亩，适合小型公司或合作社规模果园安装使用，其投资规模适中。面积大于 30 亩的果园建议采用水肥一体化管道系统。首先果园内必须有稳定的水源供应，可以保证用水；果园周边有水库、河流或池塘，并且建设有配套抽水站，可以满足生长季供水需求。对于不能满足常年用水需求的水源，则需要在果园内部修建一定体积的蓄水池。夏季深水井水温较低，直接滴灌不利于果树生长，也需要修建周转水池。

2. 蓄水池修建

蓄水池修建需要根据水源供水方便程度确定其大小和修建方式。蓄水池容量：干旱地区，如果是农业渠道输水，考虑较长时间才能给蓄水池注水 1 次，如果以 50 亩盛果期果园为例，每年 3～4 次的滴灌用水量，蓄水池有效容量一般设计为 1 500 米^3，考虑蓄水池不能放水很满以及潜水泵约有 80 厘米深的水无法抽出，建成后的实际体积为 2 000 米^3 以上，一般规格为 21 米×27 米×4 米。蓄水池建设在果园中心位置，根据建设容量进行规划和放线。一般深度不超过挖掘机臂展能力范围，长宽尽量接近，先压实蓄水池口基准线两边各 1 米宽的环形区域，然后再开挖。蓄水池四壁呈斜坡面，坡度比为（2～3）∶1。挖好后人工修平坡壁，将池底夯实后铺膜。铺设的防水材料一般为 HDPE 土工防渗膜，幅宽 6 米，厚度 1 毫米，接茬处采用高温热合。在距池口 1.5 米位置挖宽 50 厘米、深 50 厘米的锚固沟将防渗膜压实，再在池口边砌 3 层砖，然后覆盖 15 厘米土，最后在池周边修建防护栏。

3. 灌溉施肥设备

灌溉系统：水泵选用效率较高的潜水泵。在水泵周围加长宽高各 1 米的过滤网箱，配备手动或半自动的砂石过滤器、120 目碟片过滤器和网式过滤器进行二级或三级过滤。管道上配备压力表、排气阀、逆止阀、水表、主控阀等连接件；管道系统的主管和支管全部采用地埋方式，地埋深度为 0.8 米，管道耐 $0.6 \sim 1.0$ 兆帕压力。滴灌管选用硬质 PE 管，主管用 PVC 管，毛管用硬质 PE 迷宫式滴灌管或内镶式滴灌管。

施肥系统：主要采用泵注肥法，选用农用喷药柱塞泵和高压水管，配备约 1 米³ 容量的配肥罐。肥料应进行二次稀释，过滤杂质。如果园面积有限，也可采用泵前吸肥、水动力学吸肥或文丘里吸肥等模式。动力采用三相电源。

4. 用水用肥量

在用水量上，每亩每次灌 $3 \sim 9$ 米³ 水，根据降雨及土壤水分状况掌握。肥料采用液体水溶肥或固体水溶肥，肥料浓度一般为 $0.1\% \sim 0.5\%$。滴灌每年 $60 \sim 80$ 米³ 肥水，肥水供应次数为每年 $15 \sim 20$ 次。

5. 使用方法

该系统 1 人操作，1 天滴完全园。幼树结合行间铺地布或黑色地膜，管道可以铺设在膜下。树冠长大后，如果行间有水泥支柱，可以在地面 $20 \sim 30$ 厘米，拉一道铁丝，将滴灌管固定在铁丝上，方便果园树下除草。

6. 使用效果及其注意事项

对于面积 $10 \sim 30$ 亩的小规模果园，如果有稳定供水源，可采用小型自吸泵供应肥水，通过田间管道系统实现水肥一体化。对于没有电源的果园，采用汽油泵抽水。每个果园配 1 个砖混结构的地下式蓄水配肥池，蓄水池容量和果园面积相匹配，平均每亩配套 1 米³ 容水量。每个果园分 $4 \sim 5$ 个轮灌区，每个轮灌区 $2 \sim 3$ 小时滴完肥水，达到每亩滴水量 5~8 米³。

（四）大型自动化滴灌施肥系统

大型自动化滴灌施肥系统是除基本滴灌配置外，还需增加自动反冲洗过滤器、电磁阀、压力补偿滴头、远程控制系统、变频控制柜、自动施肥机或施肥泵等设备，结合气象站数据、土壤含水量、溶液酸碱度、电导率检测系统数据等，进行分区自动灌溉施肥。

1. 适用范围

该系统适合大公司及投资较高、生产规模较大（200~1 000亩）的基地。根系浅的矮化自根砧果园更需要稳定的水肥供应。

2. 水源及蓄水池修建

水源及蓄水池修建同（三）小型简易动力滴灌施肥系统，或修建水泥池。有各种符合农田灌溉水质要求的水源，只要含沙量较小及杂质较小，均可用于滴灌；含沙量较大时，则应采用沉淀等方法处理。

3. 灌溉施肥设备

滴灌系统：由水源、首部枢纽、输水管道、滴头、各种控制电磁阀门和控制系统组成。根据水力计算确定灌溉分区。其首部控制枢纽一般包括变频控制柜、变频水泵、动力机、过滤器、化肥罐、空气阀、回止阀调节装置等。过滤器对滴灌十分重要，目前过滤器一般采用自动滤网式反冲洗过滤器、旋流式水沙分离器、自动砂石过滤器、自动反冲洗叠片过滤器四种。根据水质情况，一般选用二级或三级组合过滤系统，确保灌溉水质的清洁干净。输水管道是将有压水输送并分配到田间喷头中。干管和支管起输、配水作用，毛管末端接滴头。滴灌管在地面一般顺行布置，直径一般 16 毫米，其余各级管道均埋于地下。滴头一般选用压力补偿式滴头，带有自清洁能力，不容易堵塞，不同滴头的滴水速度能保持一致。沙土地果园，可以选用微喷头进行灌溉施肥，灌水器流量为 2 升/时左右。控制系统一般是由中央计算机、触摸屏、无线数据传输设备、田间控制单元和相应传感器组成。控制系统可实现数据采集、传输、分析处理及灌溉的全程自动化。根据控制系统运行的方式不同，可分为手动控制、半自动控制和全自动控制三类。

施肥系统：包括 500 升开口施肥搅拌罐、输肥泵、$1\sim2$ 米^3 的液体肥沉淀罐和 $1\sim2$ 个 1 米^3 施肥罐。一般采用不锈钢离心泵或柱塞泵、隔膜泵等，将溶解肥料通过网式过滤器后输入灌溉系统。也有采用文丘里和管道增压泵组成的自动施肥机进行灌溉。压差式施肥罐由于肥料浓度不容易控制，或施肥罐体积小，在大型灌溉施肥系统很少采用。肥料罐一般采用锥形口底，便于肥渣清洗；肥料液注入口一般安装在灌溉过滤系统之前，以防止滴头堵塞。如果有两种容易产生沉淀的肥料或微量元素肥料，一般要通过 2 个肥料罐泵入灌溉系统进入土壤中。

4. 用水用肥量

用水量上，每亩每次灌水 $3\sim6$ 米^3，根据降雨及土壤水分状况掌握。肥料采用液体水溶肥或固体水溶肥，肥料浓度一般为 $0.1\%\sim0.3\%$。滴灌每年 $80\sim100$ 米^3 肥水，肥水供应次数为每年 $20\sim25$ 次。

5. 使用效果及其注意事项

自动滴灌系统，可以实现果园的高频灌溉，确保精确少量多次灌溉，自动化程度高，人工清洗工作量少。条件允许的情况下，可以在夜晚自动进行灌溉，减少白天的土壤蒸发。施肥泵入时间至少半小时，确保在管道混合均匀。施肥结束后立刻滴清水 $20\sim30$ 分钟，将管道中残留的肥液全部排出，避免过量灌溉，灌溉在根系集中分布层 $0\sim40$ 厘米内。

6. 水肥一体化肥料种类选择

所用肥料要求杂质少、水溶性好、相互混合后不易产生沉淀或沉淀极少。常见肥料种类为：氮肥（尿素、硝酸铵钙等）、钾肥（硝酸钾、硫酸钾、磷酸二氢钾、氯化钾等）、磷肥（磷酸二氢钾、磷酸一铵、聚合磷酸铵等）、螯合态微量元素肥、有机肥（黄腐酸、氨基酸、海藻和甘蔗糖类等发酵物质）；也可选用水溶性好、沉淀极少的高塔造粒复合肥、复混肥或直接选用液体水溶性肥料。使用前可将浓度相同的肥料溶液与灌溉水混合，观察在 $1\sim2$ 小时内是否有沉淀或凝絮产生。如果有沉淀或凝絮产生，很有可能会造成管道或滴头的堵塞，应调整肥料种类和配比。土壤注射施肥的肥料水溶解度低于管道式滴灌要求。商品水溶肥溶解性好、杂质少，但大包装少、价格高，建议大面积果园自己购买肥料配合施用。选用多种单一肥料混合配比或者复合肥，包含果树需要的氮、磷、钾及中微量元素，结合果园地面覆盖措施，防止土壤酸化和盐渍化。固体肥料一定需要与水混合搅拌成肥液，有沉淀物时分离，避免出现沉淀等问题。

7. 水肥一体化灌溉量、肥料施用量与施用时期

灌溉量：依据当地水源情况、土壤墒情和果树树龄、结果情况而定，一般年灌溉量50～90升/亩，灌溉水质一般应该符合无公害农业用灌溉水质标准，禁用污水灌溉果园。果树生长前期土壤田间持水量为60%～70%，后期田间持水量为70%～80%。萌芽前后水分充足时萌芽整齐，枝叶生长旺盛，花器官发育良好，有利于坐果。大型果园可以安装土壤张力计或土壤水分监测系统等监测水分进行灌溉。

肥料施用量：果树的施肥量依据土壤肥力、土壤水分、树体长势、留果量等因素不同而不同。果园全年追肥量可根据产量进行计算，平均每生产100千克果实需追纯氮（N）0.6～0.8千克、磷（P_2O_5）0.3～0.5千克、钾（K_2O）0.9～1.2千克。亩产2 500～3 000千克的苹果园，一般推荐施氮（N）18～23千克、磷（P_2O_5）8～12千克、钾（K_2O）25～30千克。或根据以前的施肥量和土壤肥力状况，逐年减少施肥量。推荐使用无机有机水溶肥综合配施或以有机肥作为基肥加水肥一体化的模式。一般灌溉水中养分浓度维持在氮（N）110～140毫克/升、磷（P_2O_5）40～60毫克/升、钾（K_2O）130～200毫克/升、钙（CaO）120～140毫克/升、镁（MgO）50～60毫克/升。

（五）果园管道喷药建设及应用

果园管道喷药是一项快速喷药防治病虫害的新技术。利用地下埋设耐高压塑料管道，将管道接口引出地面后连接高压软管和喷枪，通过药泵加压，将药液从药液池经管道输送到果园，一个管道可带动多个喷枪同时喷药，以较高的防治速度控制病虫发生和蔓延。管道喷药的特点是使用范围广；采用电机或柴油机作为动力，适应性强；塑料管输送药液，耐腐蚀、压力大、流量足、雾化度高，可供 10 个以上喷枪同时喷药。工作效率是常用手扶喷药车的 7～10 倍。

管道喷药由电动喷雾器、药罐、离心过滤器、给药管、阀门、喷雾管组成。将聚丙烯 20 毫米给约管铺设在田间，每 4 条共用 1 个控制阀门。喷药时只需将 5 毫米×8 毫米喷雾管及喷药枪接在控制阀门上即可正常喷药。

三、水肥一体化灌溉施肥方案

灌溉施肥方案应依据少量多次和养分平衡原则制定。根据苹果各个生育时期需肥特点，全年分为以下几个关键时期进行多次施肥。花前肥，约在 3 月下旬至 4 月初进行施用，以萌芽后到开花前施肥最好；以氮为主、磷钾为辅，施肥量占全年氮肥用量的 50%。坐果肥以磷、氮、钾均匀施入为主。此期的氮肥用量可根据新梢的生长情况来确定，新梢长度在 30～45 厘米可正常施氮肥，新梢长度不足 30 厘米则要加大氮肥的施肥量，新梢长度大于 50 厘米则要减少氮肥的施用量。果实膨大肥以钾肥为主、氮磷为辅。没有施用农家肥的果园，基肥也可以采用简易水肥一体化方法进行施肥，具体在果树秋梢停长以后进行第一次施肥，间隔 20～30 天再施一次。年灌溉施肥次数依据不同施肥模式不同，一般年施 6～15 次及以上，以少量多次为好。

四、苹果园病虫害防治

可结合喷药管道做到及时喷药防治的目的。

(一) 苹果萌芽期病虫害防治

苹果萌芽期常见病虫害有腐烂病及金龟子、蚜虫、螨类等，这些都是重点防控对象。用药方法：腐烂病用 3%～5% 石硫合剂喷施，或者用 3%～5% 的硫酸锌配合尿素，对控制此病效果不错；金龟子、蚜虫、螨类等，可在开花期用广谱、高效、低毒、低残留的杀菌剂和杀虫剂等喷施，对一般虫害的防治均有效。

（二）谢花至套袋期主要病虫害防治

这期间苹果有霉心病、斑点落叶病、炭疽病、轮纹病等病害，蚜虫、苹小卷叶蛾、康氏粉蚧、螨类等虫害，以及缺钙症状等。防治方法：谢花后 7～10 天，可以喷施一遍 800 倍代森锰锌＋1 000 倍甲基硫菌灵＋1 500 倍毒死蜱＋1 500 倍灭幼脲 3 号；谢花后 20 天左右，可以喷施一遍 800 倍代森锰锌＋5 000 倍 1.8%阿维菌素；套袋前，喷施 800 倍代森锰锌｜1 000 倍甲基硫菌灵。另外，往年有缺钙症状的果园，谢花后至套袋前，单独喷 1～2 遍 1 500～2 500 倍钙尔美和 1 000 倍速乐硼，以补充钙、镁、锌、铁、硼等微量元素；5 月下旬以后，桃小食心虫发生严重的果园，浇水或下透雨后，地面喷洒 500 毒死蜱本进行彻底封杀。代森锰锌是广谱、保护性低毒杀菌剂，甲基硫菌灵安全高效，无药害，不伤果面。

（三）套袋后至摘袋前重点病虫害防治

这期间苹果容易发生轮纹病，果园食心虫、蚜虫等虫害也比较多。一般在 6—7 月，用 800 倍的代森锰锌、1 500 倍的毒死蜱喷施 1～2 次，能起到不错的控病效果。为巩固疗效，摘袋前最好再喷施 1 次。

（四）苹果药肥替代及配用增效技术

在防病治虫选用农药时，应尽量考虑苹果树体必需营养元素的丰缺现状。例如，对于小叶病的果园，尽量选择含锌的农药；对于锰毒害的果园，尽量选择不含锰的农药。这样既可确保农药防治苹果病虫害的效果，又给苹果树提供了必需的营养元素，使树体养分趋于平衡，增强果树光合作用，利于增产增收。目前，生产中常用的农药主要含有如下植物必需营养元素：氮、磷、钙、锌、锰、硫、铜、氯。

对于果树树体健壮，平衡营养是十分重要的，增施有机肥，确保氮磷钾平衡、钾钙镁平衡，补充缺乏的微量元素，都是十分必要的。在苹果新梢或果实快速生长期适当地喷施叶面肥，更有利于促进树体营养平衡，确保果树根系生长旺盛，树势健壮，减少农药施用量。部分叶面肥的施用还可提高药效，可以直接减少农药施用量；部分叶面肥可以直接保护苹果生长发育，可以代替同类农药的使用。部分有机肥料施入土壤可以大量繁殖有益微生物，有益微生物可以控制或消除有害微生物，实现以肥料替代农药的功效。

第二节　梨园水肥药一体化技术方案

一、技术要求

滴灌设备一般需要以下几部分：水源、压力泵、施肥器、过滤器、输水管道、滴灌管道。

水源：井水、池塘、渠水、河水等均可。

压力泵：采用常用的水泵，同时配备压力表、水表加以监控；水源处较高的可采用重力自压。

施肥器：施肥系统有泵吸肥法和泵注肥法，常用的施肥器有旁通罐施肥器和文丘里施肥器。

过滤器：通常用 120 目叠片过滤器，有条件的果园可采用离心过滤器和网式过滤器二级过滤。

输水管道：输水管道有主管道和支管道，根据灌溉区域面积的大小，常采用 3.3～13 厘米的 PVC 管，3.3 厘米管道可完成 10 亩左右区域的灌溉，13 厘米管道可完成 150 亩左右区域的灌溉。

滴灌管道：滴灌管道也称毛管道，常采用软质橡胶滴灌管，方便铺设。对于平地果园和山地果园需加以区分，平地果园可根据需要采用直径 10～20 毫米、壁厚 0.3～1.0 毫米的滴灌管，山地果园则需要采用压力补偿方式，并且采用直径 16 毫米、壁厚 1.0 毫米以上的滴灌管。

自动化喷药体系可以采用管道加压喷药法，将加压喷药管道提前铺设在田间，将聚丙烯 20 毫米给药管铺设在田间，每 4 条共用 1 个控制阀门。喷药时只需将 5 毫米×8 毫米喷雾管及喷药枪接在控制阀门上即可正常喷药。

二、技术要点

水肥一体化滴灌是结合了农业、农机、水利等技术的新型果园管理技术，具有节水、节肥、省工三大特点和优势。

（一）肥料的选择

可选液体或固体肥料，如氨水、尿素、硫酸铵、磷酸一铵、磷酸二铵、氯化钾、硫酸钾、硝酸钾、硝酸钙、硫酸镁等肥料。固体以粉状或小块状为首选，要求水溶性强，含杂质少；还可采用沼液或腐植酸液体肥。如果采用多种肥料混施，还需注意不同肥料之间不会因物理、化学反应而失效。

（二）灌溉施肥的操作

肥料溶解与混匀：施用液体肥料时不需要搅动或混合，一般固体肥料需要与水混合搅拌，之后过滤掉不溶物。

施肥量控制：施肥时要掌握剂量，注入肥液的适宜浓度大约为灌溉流量的 0.1%。例如灌溉流量为 50 米^3/亩，注入肥液的浓度大约为 50 升/亩。

灌溉施肥的程序分 3 个阶段：第一阶段，选用不含肥的水湿润；第二阶段，施用肥料溶液；第三阶段，用不含肥的水继续滴灌半小时来清洗管道。

（三）施肥时期

根据梨树不同生长阶段对养分吸收的不同，采用有针对性的施肥方案。

（1）根系发育期，以磷为主。

（2）萌芽前、萌芽期、开花期、新梢生长期，此期主要是储藏营养消耗，以氮营养为主。

（3）幼果膨大期、花芽分化期，以细胞分裂为主，供应水分的同时，供应养分以氮＋磷＋钾为主。

（4）果实膨大期，以磷、钾为主。

（5）采收后，以氮、磷、钾为主，增加树体储藏养分。

需要指出的是梨果的生长膨大过程对钾的需求较高，因此过程中应注意补充钾肥。

三、栽培管理

(一) 土壤管理

中耕：梨园生长季节降雨或灌水后及时中耕除草，中耕深度5～10厘米。

覆盖：覆盖材料可选用作物秸秆及杂草等，距离根茎50厘米左右，覆盖厚度15厘米以上，上面零星压土。连覆2～3年后结合秋施基肥翻埋。

生草：推行行间生草。选用黑麦草、三叶草、苕子、苜蓿、结缕草、草木樨等。当草长到30～40厘米时进行刈割，割下的草覆盖于树盘。

(二) 施肥

提倡配方施肥、增施有机肥。

1. 基肥

秋季施入，以充分腐熟的农家肥为主。施肥量按每生产1千克梨施1.5～2千克优质农家肥计算，一般每亩施3 000～5 000千克，并混入适量化肥。施肥时沿树冠外缘挖环状沟或条沟施入，沟深、宽各50厘米左右，肥料与土混匀后回填并及时灌水。

2. 追肥

土壤追肥：萌芽前以氮肥为主，花芽分化及果实膨大期以磷钾肥为主，果实生长后期以钾肥为主。在树冠下开环状沟或放射状沟施入。施肥量根据土壤养分状况和树体长势确定，全年追肥量可参照每生产100千克梨果施纯氮0.2～0.3千克，氮、磷、钾比例1∶0.5∶1计算。

叶面追肥：结合喷药进行。一般花期喷1次0.1％～0.3％的硼砂，生长前期喷2～3次0.2％～0.3％尿素，中后期喷2～3次0.2％～0.3％磷酸二氢钾。

(三) 水分管理

灌水时期应根据梨树需水特性和土壤墒情而定，主要包括萌芽前、花后、果实膨大期和封冻前等四个时期。推广应用滴灌、微喷灌等节水灌溉技术。雨季及时排出果园积水。

(四) 花果管理

授粉：根据气候条件、品种特性等进行人工辅助授粉。推广蜜蜂或壁蜂授粉。

疏花疏果：根据品种特性及产量要求，及早疏除过量花、果。一般每隔 20～25 厘米留一个花序，每个花序留 1 个边果。

果实套袋：选择抗风吹雨淋、透气性良好的优质梨专用纸袋。一般在花后 20～30 天开始套袋。套袋前全园喷 1～2 次杀菌剂。慎用波尔多液及乳油类等对幼果刺激性较强的农药。套袋时，先使袋体膨起，一手抓果柄，一手托袋底，把幼果套入袋口中央，将袋口从两边向中部果柄处挤褶，再将铁丝卡反转 90°，弯绕扎紧在果柄或果枝上，封严袋口。套完后，用手往上托袋底，使全袋膨起，两底角的出水气孔张开，幼果悬空在袋中。

摘袋：红色品种采收前 15～20 天摘袋，其他品种带袋采收。

四、微灌施肥

高产园追肥次数多达 7～8 次，一般采用微灌施肥的方式，具体灌溉施肥制度见表 4-1。

表 4-1　梨树灌溉施肥制度

生育时期	灌溉次数	灌水定额 [米³/(亩·次)]	每次灌溉加入养分量（千克/亩）			
			N	P_2O_5	K_2O	$N+P_2O_5+K_2O$
萌芽前	1	30	0	0	0	0
花芽分化前	1	15	2	2	2	6
果实彭大期	3～4	15	1.28	0.64	2.72	4.64
果实收获后	1	30	1.6	1.6	1.6	4.8
越冬前	1	30	0	0	0	0
合计	7～8	150～165	7.4～8.7	5.5～6.2	11.8～14.5	24.7～29.4

五、病虫害防治

（一）梨树主要病虫害

主要病害包括梨黑星病、腐烂病、干腐病、轮纹病、黑斑病、锈病和褐斑病等；主要虫害包括梨木虱、蚜虫类、叶螨、食心虫类、卷叶虫类和椿象等。

（二）主要防治方法

梨园病虫害防治以农业防治和物理防治为基础，提倡采用生物防治，科学合理使用化学防治技术。

农业防治方法：选用优质无病毒苗木；加强田间肥水管理、合理控制挂果数量；合理修剪，保证田间通风透光；及时清除枯枝落叶，刮除树干上的老翘裂皮，剪除病虫果枝；不与苹果、桃等其他果树混栽；梨园周围 5 千米范围内不栽植桧柏。

物理防治方法：根据害虫生物学特性，用糖醋液、树干缠草绳和诱虫灯等方法诱杀害虫。

生物防治方法：人工释放赤眼蜂；助迁和保护瓢虫、草蛉、捕食螨等昆虫天敌；应用有益微生物及其代谢产物防治病虫害；利用昆虫性外激素诱杀或干扰成虫交配。

化学防治方法：根据天敌发生特点，合理选择化学农药种类、施用时间和施用方法，保护天敌生物；不同作用机理化学农药交替使用和合理混用；严格按照农药使用浓度、每年使用次数和安全间隔期要求施药。禁止使用剧毒、高毒、高残留农药和致畸、致癌、致突变农药；提倡使用生物源农药和矿物源农药；提倡使用新型高效、低毒、低残留农药。

第三节　猕猴桃水肥药一体化技术方案

猕猴桃富含维生素 C，并以其丰富的微量元素含量而深受消费者青睐，具有广阔的市场发展前景。

近年来，猕猴桃的种植规模逐步扩大，但猕猴桃商品果率过低成为制约种植效益的一大因素。在对果树地上部分管理日趋科学成熟的今天，对地下部分的管理则仍显粗放模糊，特别是水分和肥料得不到精准投入，对根系生长造成隐形伤害，成为困扰猕猴桃健康生长的主要因素。由此，引进试验和示范推广水肥药一体化技术成为推动猕猴桃产业持续健康发展的当务之急。

一、灌溉范围和深度

猕猴桃具有喜水怕涝、喜肥怕烧、喜光怕晒、喜氧的生理特性。其根系属于肉质根、平匍根，没有主根，根系较浅。观察发现，1～3 年树龄的猕猴桃根系分布直径分别在 0.8 米、1.4 米、2.0 米左右，4～5 年树龄根系分布直径在 3.0 米左右，6 年以上树龄根系分布直径则超过 4.0 米。猕猴桃根系深度在地下 20～30 厘米居多。对于一年生猕猴桃，以满足 60% 的土壤面积得到灌溉为原则，在平行于果树两侧分别铺设两根滴管，按照每行滴头渗水直径范围为 0.6 米计算，平行于树行外延 30 厘米铺设第 1 根滴管，再外延 60 厘米铺设第 2 根滴管。对于其他生长年限的果树，则根据其根系分布范围，适当扩大滴灌管的间距，以保证大部分根系的营养吸收。为了达到科学的渗透直径和深度，要根据土壤结构、根系深度、墒情等，合理确定灌水时间。如果滴灌时间过长，沙壤土会水肥流失，黏土会发生沤根、腐根、死树。

二、灌水

灌水按照少量多次原则，以滴头出水量为 3～4 升/时、1 次滴灌时间以 2～3 小时为准，自每年的 4—11 月，共计 8 个月的时间，除去雨水期，一般 7 天左右滴灌 1 次，1 年约需浇水 15 次。

三、施肥

根据猕猴桃不同生育时期的不同需肥特点、合理搭配肥料种类，并且以少量多次为原则，平衡施肥。具体施肥计划如下：3 月下旬施用萌芽肥，选择高氮水溶肥，一般用量 3～5 千克/亩；4 月下旬施用催花肥，选择平衡大量元素水溶肥（20 - 20 - 20），用量为 5 千克/亩；5 月中旬开始施用膨果肥，选择平衡大量元素水溶肥＋钙镁硫中微量元素水溶肥，膨大期共 50 天，每间隔 15 天使用 1 次，连续施用 3 次，用量为每次 5 千克/亩；7 月上旬开始施用第一次优果肥，选择高钾大量元素水溶肥，间隔 20 天再用 1 次，用量为每次 5 千克/亩；9 月下旬和 10 月上旬，用完基肥后，再施用 1 次平衡大量元素水溶肥 5 千克/亩＋中微量元素水溶肥 5 千克/亩。每次施肥前先灌水半小时，施肥结束后再次灌水半小时，既有利于肥料下沉到须根区，也防止沉淀物堵塞滴头。

四、病虫害防治

猕猴桃在生产种植过程中主要面临两个方面的问题：其一为病害问题，常见的果树疾病主要有根腐病、褐斑病、根结线虫病等，发病后果树的叶片会变黄、有黑褐色斑点或斑块、树木营养不良、叶片大量脱落、果树死亡、果肉有异味或有斑点等情况出现。其二为虫害问题，害虫会导致猕猴桃出现叶子发黄脱落，果实和树根被蛀食、腐烂，虫咬部位果肉变软以及储藏时间变短等情况，主要的害虫有金龟甲虫、食心虫、椿象以及叶螨等。

桑盾蚧、甲虫、蜘蛛类虫害需要使用敌敌畏、阿维菌素联合石膏液、广谱杀虫剂进行杀灭，其中敌敌畏的使用方法为敌敌畏 2 000 倍液混合三氟氯氰菊酯 1 500 倍液，调制为混合液来喷洒杀虫，其余杀虫剂则需要技术人员根据猕猴桃生长情况确定用量在果实收获前的 20 天喷洒。地下害虫、根结线虫则需要在寒潮前使用毒死蜱、有机磷酸酯类杀虫杀螨剂结合冬前滴灌入土提前杀灭，防止果树越冬过程中发生根腐病；如果果树已经出现根腐病，需要及时挖出病变根部，将腐烂的部分完全刮除后，使用生石灰、生根剂、农家肥来继续培育，保证猕猴桃果树能够健康生长。物理措施方面，需要使用杀虫灯（高频振式）、糖醋液等液体或工具对病虫害进行防治，该法对于果树和果实生长发育情况不会有负面影响，杀灭害虫和预防病害发生的效果非常好。

第四节　枸杞水肥药一体化技术方案

　　枸杞是我国重要的"药食同源"特色植物资源，全国有 13 个省（直辖市、自治区）在种植。其中，宁夏是我国枸杞的原产地和主产区，已有 2 000 多年栽培历史，经过漫长的生产实践和科研工作，宁夏枸杞栽培技术比较规范，生育特征及需水需肥规律基本明确，枸杞产业已作为宁夏特色优势农业发展的朝阳产业，被列入宁夏回族自治区"十三五"科技发展规划中现代农业领域的优先发展主题。然而，宁夏枸杞生产中同样存在滥用化肥、水源短缺等问题，不合理施肥不仅起不到增产作用，反而会降低水肥利用率，甚至破坏土壤结构，污染农田环境，严重制约枸杞产业持续健康发展。如何实现枸杞水肥的精确施用及高效利用，已经成为宁夏枸杞产业急需解决的重大问题。近年来，在宁夏开展了大量枸杞水肥一体化和水药一体化栽培研究，取得了较好的应用效果。枸杞水肥药一体化是将灌溉与施肥、施药融为一体的高效农业灌溉技术，就是把肥料或农药溶解在灌溉水中，由灌溉通道输送给田间每株作物，以满足作物生长发育的需求，同时达到防治地下害虫或根部病害的目的。

一、春季施肥

　　枸杞春季施肥时间在 4 月上中旬，这个时期树体处于营养临界期，4 月下旬树体萌发大量新枝，营养消耗量大需体外补给；主要以施有机肥和氮磷钾肥为主，每株施有机肥 1.5～2.0 千克、尿素 50 克、磷酸二铵 60 克、硫酸钾复合肥 100 克。施肥方法：沿树冠外沿机械开沟条施，施肥深度 25～30 厘米；有机肥可以采用开沟施肥的方法，水溶肥结合灌水施肥，灌溉量保持在 80～100 米^3/亩。施肥原则：按照以促为主、控为辅的施肥技术路线，原则为前促、中保、后补；整个枸杞周年亩施氮（N）35～40 千克，磷（P_2O_5）25～30 千克，钾（K_2O）20～25 千克；结合滴灌进行施肥，枸杞一年滴灌 8～10 次水，滴灌量在 80～100 米^3，做到水肥一体化。

二、水肥一体化灌水方案及施肥量

土壤灌水下限为田间持水量的 70%，灌水上限为田间持水量的 95%，追肥采用枸杞专用肥，施肥量 80 千克/亩。

（一）第一次追肥

追肥时间在 5 月中下旬，以氮磷肥为主，亩施尿素 10 千克、枸杞水溶肥 30 千克、硫酸钾 5 千克；结合滴灌滴肥，先滴清水半小时，然后滴肥，滴完肥后再滴半小时清水，亩滴灌量 30 米^3；滴完肥后一周再滴一次水，亩滴灌量 20 米^3。

（二）第二次追肥

追肥时间在 6 月中下旬，以氮磷钾肥为主，亩施尿素 5 千克、枸杞水溶肥 30 千克、硫酸钾 10 千克；结合滴灌滴肥，先滴清水半小时，然后滴肥，滴完肥后再滴半小时清水，亩滴灌量 30 米^3；滴完肥后一周再滴一次水，亩滴灌量 20 米^3。

（三）第三次追肥

追肥时间在 7 月上中旬，以氮磷钾肥为主，亩施枸杞水溶肥 12 千克；结合滴灌滴肥，先滴清水半小时，然后滴肥，滴完肥后再滴半小时清水，亩滴灌量 20 米^3；滴完肥后一周再滴一次水，亩滴灌量 10 米^3。

（四）第四次追肥

追肥时间在 8 月下旬，以氮磷钾肥为主，亩施枸杞水溶肥 8 千克；结合滴灌滴肥，先滴清水半小时，然后滴肥，滴完肥后再滴半小时清水，亩滴灌量 20 米^3；滴完肥后一周再滴一次水，亩滴灌量 10 米^3。

三、秋季枸杞生育期灌溉技术

秋季灌冬水前（10 月中下旬），沿树冠缘外挖 30～50 厘米长、30 厘米左右深的施肥坑，每株施饼肥 2～3 千克、羊粪 8～10 千克，与土混合拌匀封坑，或商品有机肥每株 2～3 千克；准备灌冬水，枸杞落叶时的 11 月上旬灌好冬水，以土壤中的灌水结成冰凌为宜。此时，土壤中的水分与潮湿土粒发生冻结，冰晶可使土块破裂、孔隙度增大，土壤变得比较疏松，解冻后可提高土壤透气性和水分渗透力。同时，可避免冬季根系失水，保证来年土壤墒情。冬灌水量 70～80 米^3/亩。

四、枸杞病虫草害防治

枸杞园除草除了采用施田补（二甲戊灵）进行土壤封闭外，严禁使用其他任何除草剂。施田补虽然对枸杞生长很安全，但一定要注意使用剂量（每亩每次施用 200～250 毫升），全年使用 2 次，间隔期 60 天以上。枸杞园杂草最好采用人工铲除或小型机械中耕除草。

枸杞蚜虫用 3％啶虫脒 2 000 倍液或者 10％吡虫啉 2 000 倍液喷雾防治，防效可达 95％以上。枸杞瘿螨可采用 1.8％阿维菌素 2 000 倍液叶面喷施，防治效果可达 90％以上。枸杞负泥虫采用吡虫啉 1 500 倍液加高效氯氰菊酯 1 000 倍液进行喷雾防治，死亡率达 90％以上。枸杞白粉病在春季枸杞发芽前喷 15％三唑酮可湿性粉剂 1 000 倍液，可以起到较好的防治效果；发病初期喷洒 1∶1∶200 倍波尔多液，每 10 天喷 1 次，连续喷 2～3 次；发病期用 15％三唑酮可湿性粉剂 2 000 倍液、40％晶体石硫合剂 300 倍液，每隔 7～10 天喷 1 次，根据病情可连续喷 2～3 次，果实采收前 20 天停止用药，以保证果品质量。

防治枸杞红瘿蚊、实蝇的杀虫剂：地面封闭，主要用辛硫磷、毒死蜱、吡虫啉、啶虫脒、25％噻虫嗪·咯菌腈·精甲霜灵、噻虫嗪土壤施药；树上用辛硫磷、毒死蜱、高效氯氰菊酯、联苯菊酯、氰戊菊酯等。

枸杞根腐病是枸杞的一种常见病害，据观察该病主要在根部和根茎部危害，表现性状有两种。一是根朽型：性状表现为根部和茎基部病变部位变褐或黑褐色，根部和茎基部不同程度腐朽、剥落现象。二是腐烂型：性状表现为根部和根茎部颜色发生变化或腐烂，从树上看，可以看到部分叶片有发黄、枝条有失水干枯现象。药物防治方法主要采用甲基硫菌灵、多菌灵、代森铵稀释一定浓度浇灌树盘，使药液流入根部，每株 10 升左右药水。病株处理发现叶片发黄、枝条萎缩、侧枝枯死的植株，立即拔出，病穴用 5％的石灰液消毒。或者在枸杞根腐病发病初期喷淋 50％甲基硫菌灵可湿性粉剂 600 倍液或浇灌 45％代森铵水剂 500 倍液、20％甲基立枯磷乳油 1 000 倍液每株 10 升，经 1.5 个月可康复。此外，浇灌 25％多菌灵可湿性粉剂或 65％代森锌可湿性粉剂 400 倍液，2 个月后也可康复。为防治枸杞根腐病，也可以在春季和秋季利用滴灌系统，随滴灌系统施用微生物菌剂。

枸杞各种病虫害防治所对应的农药品种，应根据农药的特性、对温度的要求、所使用的剂量、不同时期枸杞的抗药性和耐药性及果品生产的安全性等合理使用，控制好使用方法、时期、剂量及安全间隔期，就能避免药害和对环境的污染。

第五章　设施蔬果水肥药
一体化技术应用

设施栽培条件下有利于滴管 微喷灌设备的铺设和应用。滴灌-微喷水肥药一体化系统是指滴灌技术与微喷灌技术相互结合的系统。滴灌技术是按照作物需水量，通过输配水管网与安装在毛管上的滴头，在既定的灌水方案下将定额水、肥、药均匀而又缓慢地滴入作物根区土壤中的灌溉方法。而微喷灌技术是利用输配水管网与安装在毛管上的喷头，将水、肥、药喷至作物生长区域较低的空中，使其在空中结成小水滴均匀地喷洒至作物表面并调节作物周围温度的灌溉方法。将这两种灌水技术融为一体即滴灌-微喷水肥药一体化系统。

管道布置是滴灌-微喷水肥药一体化系统中的重要环节，直接影响着系统成本的变化。根据以下原则布置管网：首先，根据作物种植行距确定滴灌毛管走向，毛管走向与作物行距平行，常见设施大棚作物行距都是垂直于棚长方向；其次，根据设施大棚的棚宽确定微喷灌毛管走向，棚宽相对窄的，毛管走向与棚长方向平行，而棚宽相对宽的，毛管走向与棚宽方向平行，常见设施大棚微喷灌毛管走向都沿着棚长方向布置；再次，滴灌-微喷灌支管都与毛管垂直；最后，对于分干管、主干管的布置，应从项目地实际考虑，采用"梳"形布置，以避免管道横穿设施大棚和破坏棚内作物的正常生长。

第一节　设施樱桃水肥药
一体化技术方案

樱桃树的根系非常浅，只分布在 5～30 厘米的土层中，主根不发达，主要由侧根向斜侧方向发展。虽然樱桃树的根系浅，但其叶片较大，不断地蒸腾水分，如果不及时补充水分，叶片就会发生萎蔫。但与此同时，樱桃树又十分怕积水，如果土壤含水量超过25%，樱桃树的根系就会窒息，发生烂根、流胶等现象，甚至会导致树体死亡。因此，樱桃树对水分的需求非常严格，设施樱桃园应配套能精确控制水肥条件的微灌水肥一体化技术（滴灌、微喷灌等），以便适时、适量地满足樱桃树对水分和肥料的需求。

一、樱桃的需水需肥特征及水肥一体化技术

不同树龄及一年中不同生育阶段的樱桃对水分的需求是不同的。幼树期，由于树体小，枝叶数量有限，蒸发量小，对水分的需求量不大；进入盛果期后，枝叶数量大，消耗水分多，对水分的需求量变大，要注意足量供水。在一年生长周期中，花期前，叶幕较小，且气温低，需水量小；4—5月新梢生长期，气温逐渐升高，叶片变大，叶片数量增加，树体和土壤蒸发量均增加，需水量较大；6—7月果实膨大期，需水量最大；8—10月，气温开始渐降，需水量较小。

樱桃9月应秋施基肥，基肥应以有机肥为主，追肥时要根据土壤肥力状况、品种、发育时期等特征，掌握好肥料种类、施肥数量及施肥时期。一般追肥应在萌芽前，在升温前后7天内追肥效果最好，肥料以氮肥为主。落花后，要根据对树体和土壤养分测定的情况，有针对性地补充氮、磷、钾、钙等肥料。采收后，应立即进行叶面喷肥，一般喷施0.3%的尿素溶液或氨基酸溶液，并补充铁、钾等肥料。

大樱桃生育期短，各器官的生长发育交错重叠进行，养分竞争激烈，当年的产量和质量很大程度上取决于去年树体营养物质储藏水平的高低。施肥过程中应以树龄、树势、品种、需肥特性、当地土壤肥力状况为依据，掌握好肥料种类、施肥数量、施肥时期和施肥方法，结果树一般每生产100千克大樱桃需追施氮（N）1千克、磷（P_2O_5）0.5千克、钾（K_2O）1千克。本方案以亩产1 000千克为例。

大樱桃春季需肥早且集中，秋施基肥是关键，增施有机肥，以稳为核心。有机肥不仅具有养分全面的特点，而且可以改善土壤的

理化性状，有利于大樱桃根系的发生和生长，扩大根系的分布范围。早施基肥、多施有机肥还可增加大樱桃储藏营养，提高坐果率，增加产量，改善品质。秋施基肥的时间为秋末至初冬土壤封冻前，以9—10月早施为宜。基肥以腐熟农家肥等优质有机肥为主，每亩施用量3 000千克左右，配施适当的氮、磷、钾速效肥。施肥部位在树冠投影范围内，基肥采用环状沟施或条状沟施，沟深20～30厘米，施肥后灌水，直至水分下渗至30厘米停止。

大樱桃追肥集中在3个时期：第1次在萌芽前后，以氮肥为主；第2次在果实膨大期，以钾肥为主；第3次在果实采收后，氮、磷、钾混合使用。追肥随水施入，通常滴灌时间持续3小时左右，湿润深度可达30厘米，或以目测决定滴灌时间，具体施肥方案见表5-1。

表5-1　大樱桃水肥一体化方案

施肥时期	商品名称	主要成分	养分含量	施肥次数	每亩每次施肥量（千克）	灌水量（米³）
封冻前	有机肥	有机质	40%	1	3 000	4
	水溶肥	$N-P_2O_5-K_2O$	18-18-18	1	10	4
萌芽期	水溶肥	$N-P_2O_5-K_2O$	30-10-10	2	8	4
膨大期	水溶肥	$N-P_2O_5-K_2O$	10-5-40	2	6	4
采收后	水溶肥	$N-P_2O_5-K_2O$	18-18-18	1	10	4

田间滴灌一般控制在7～10天1次，此外全年至少需要3次根外追肥，根外追肥采用叶面喷施，喷水量以肥液湿润叶面但不下落为宜。花期：尿素0.3%，硼砂0.3%；着色期：磷酸二氢钾600倍液；膨大期：钙肥800倍液，磷酸二氢钾600倍液。灌水方面，视干旱情况酌情浇水，樱桃怕水淹，雨季注意防涝。

二、樱桃病虫害防治

樱桃在不同生育时期具有不同的病虫害，具体防治方法也不相同，详见表5-2。注意在用药过程中根据用药频率适当更换其他杀虫剂和杀菌剂，防止病虫产生抗药性。

表 5-2 樱桃不同生育时期的主要病虫害防治方法

施药时期	病害	防治方法	虫害	防治方法
休眠期	侵染性流胶病	靓果安 400 倍液+有机硅	桑白蚧、叶螨	10%吡虫啉 600~800 倍液+48%毒死蜱 600~800 倍液+哒螨灵 800 倍液
萌芽至花期	流胶病、穿孔病、白粉病	靓果安 800 倍液+素净 800 倍液+80%甲基硫菌灵+有机硅	—	—
谢花 10 天	穿孔病、叶斑病、褐腐病	靓果安 600~800 倍液+苯醚甲环唑 600~800 倍液+叶面肥	潜叶蛾、红蜘蛛、白蜘蛛	灭幼脲 800 倍液+吡虫啉 800 倍液
谢花 20 天左右至采收前 10 天	叶斑病、褐腐病、流胶病	靓果安 800 倍液+素净 800 倍液+90%多菌灵+腈菌唑 800 倍液	桑白蚧、绿盲蝽	48%毒死蜱 800 倍液+10%吡虫啉 800 倍液
采收后 9 月	褐斑病、褐腐病、流胶病、穿孔病	靓果安 600~800 倍液+戊唑醇 600~800 倍液	红蜘蛛、杜鹃花冠网蝽等	灭幼脲 600~800 倍液+吡虫啉 800 倍液

第二节 设施番茄水肥药
一体化技术方案

一、育苗

设施番茄多为当地秋延茬种植，选择抗病性较强的番茄品种。秋茬育苗，一般在 7 月上旬育苗，由于此期间温度较高，苗龄 25～30 天即可。育苗场地：如处于雨季，必须选择地势较高、排水良好又通风的地方，遮雨棚、遮阳网、防虫网配套使用。穴盘育苗：使用蔬菜育苗专用基质装入 72 孔的穴盘，亩播种 2 100 粒左右，种子用 1.5%福尔马林浸泡 30 分钟消毒，洗净药液后催芽再播种，每孔 1 粒种，用蛭石覆盖已播种子，有利于出苗。播种后，用清水浇透水。控制基质温度在 25～28℃最适合，超过 30℃时，需要浇清水降温。直至番茄破土，子叶展平前，穴盘中基质必须保持湿润。子叶展平到四叶一心定植前，需要适量施用肥水，肥水浓度从 50～200 毫克/升逐渐递增。若两叶一心后，幼苗有徒长的趋势，用 0.05%～0.1%的矮壮素喷洒，防止徒长。幼苗长至四叶一心时可以移苗定植。

二、定植前准备

前茬作物拉秧后，及时清理田园，增施有机肥，每亩施用稻壳鸡粪生成的堆肥 10 米³，作基肥，用以增加养分和改良土壤，用旋耕机或人工翻地混入土中。然后灌水封闭棚室，高温消毒和发酵。闷棚结束后，重新旋耕一遍，尽量粉碎土块，整高平畦，一个畦加一个走道的总宽度为 1.5 米，畦面的宽度不能小于 80 厘米，畦面高出走道 10～15 厘米。

然后安装滴灌系统，选用水肥一体机，提高肥料的利用率，减少人工成本。需要在定植前一天，将棚室通风口全部关闭封严，使用百菌清烟熏剂、异丙威烟熏剂进行熏棚。目的是将全温室有害细菌、真菌及飞虱等统统杀死，为后期种植管理提供有利条件。因为秋茬番茄定植在 8 月上、中旬，是天气最为炎热的时候，故在定植时，一定将棚室上下通风口全部打开，棚膜上喷洒降温剂或使用遮阳网进行降温。定植最好在 16：00 以后，因为下午无强光和夜间温度适宜，有利于缓苗。定植株距为 40～45 厘米，行距为 50～55 厘米，滴灌管紧贴植株摆放。定植结束后，马上开启滴灌系统，施用少量磷肥或生根肥，滴定植清水 6～8 小时；3～7 天后，根据天气情况，滴缓苗清水 3～4 小时，促发新根。缓苗水滴完 2～3 天后，根据天气情况，需要药液灌根，预防茎基腐病、根腐病。噁霉灵、霜霉威盐酸盐、促根剂等混合使用，平均每棵灌根药液量 50 毫升左右。灌根后 3 天内不要再滴水，以充分发挥药效。上下通风口全部开到最大，除了下大雨外，不关闭通风口。下风口要安装防虫网。定植前 3 天，遮阳网全天覆盖，3 天后到缓苗期，根据天气情况在最热的中午覆盖遮阳网。

三、定植后水肥药一体化管理

（一）缓苗至开花期管理

从缓苗到开花期大约需要 15 天时间，在此期间需要施用水肥、喷洒农药、中耕、覆地膜等。

水肥管理：设置水肥一体机的参数，可根据施肥水时间、施用肥水量及土壤湿度设置。每次滴灌时间控制在每个滴孔出水 400 毫升，满足植株 1 天生长所需水分即可。晴天 1 天滴 1 次，阴天不滴水。滴水前，把灌溉水沉淀半小时以上再开始滴水，防止水中杂物进入滴灌设备，滴灌时配用缓苗期专用肥 0.2～0.6 千克/亩。

农药使用措施：该时期，因天气炎热，温室内比较干燥，是病毒病发生的有利条件。为此，要在该时期以预防病毒病为主，同时预防传播病毒非常厉害的白粉虱和蚜虫。菜青虫也会慢慢发生，时刻注意观察叶片是否有虫眼。

其他措施：根据天气情况，只有在光照强的中午覆盖遮阳网。及时中耕，增强土壤透气性，促进根系发育。在开花前，覆黑色地膜，既可以除草保湿，又不会提升太多的地温。番茄开花前要绑蔓或吊蔓，采用单干整枝法，留一个生长点。要及时打杈，叶柄内长出的侧枝全部摘除。在花瓣刚刚展平时，每天点花一次，点在花柄关节处，避免重复点花。

（二）开花至坐果期管理

从第一穗开花到坐果至鸡蛋大小、第二三穗点花坐果，需要20～25天。在此期间进行施肥喷药、整枝打杈、绑头绕蔓、点花疏果等管理措施。本时期水肥管理：结合天气状况，滴水晴天1天1次，阴天可3天1次，花期专用肥每次0.8～3千克/亩。农药使用措施：该时期，还应以预防病毒、白粉虱、蚜虫为主。每7～10天喷药一次，可以分别选择一种防病毒、广谱杀虫和杀菌的药剂混合使用。其他措施：控制温度在白天30～32℃、夜间18～20℃最适合番茄生长。根据天气情况，先以关下通风口为主。当生长点到上次绑绳超过20厘米时，要及时绑蔓，防止生长点倾倒。

（三）果期管理

从第一穗膨果开始到果实采收中期。待植株第一穗果有一半进入膨大期时开始滴肥，滴水仍为晴天1天1次，阴天可3天1次。待到结果盛期，滴水改为1天2次，时间是9：00—9：30时1次，11：30—12：00时1次，来满足植株及果实生长需求。滴灌所用肥料都是速溶肥料，不能有残渣，不然会影响滴灌设备的正常使用。滴灌所用肥料中氮（N）：磷（P_2O_5）：钾（K_2O）为1：0.3：1.5。施肥量：每亩每周为5.5千克，若每天都是晴天，每次每亩滴肥是0.8千克，每次最大用量不能超过3千克，否则容易出现肥害。施肥方法：每天上午1次，滴水5分钟后开始滴肥，待15分钟后，停止滴肥，再滴5分钟清水，防止肥料残渣堵孔。对于要施的肥，事先把它放在一个容器内溶解开，搅拌均匀，沉淀10～15分钟，倒入施肥罐中，关闭施肥罐上的上部阀门。

其他措施：白天控制温度在30～32℃、夜间18～20℃最适合番茄生长。及时疏花疏果生产精品果。最底部老叶开始变黄时，就需要及时打掉。

(四) 采收后期管理

从 11 月下旬到 12 月中下旬，秋茬番茄进入采收后期，同时也是此茬口最冷的时期，地温下降，根系活力降低，吸收水肥能力减弱，以叶面施肥为主。农药使用：该时期天气转冷，番茄比较容易发生灰叶斑病、灰霉病等真菌病害，主要的防治药剂有氢氧化铜、苯醚甲环唑、嘧菌酯、噻森铜、丙环唑等。

(五) 拉秧番茄采摘结束后管理

及时将棚室内棵子清理出棚室，集中销毁。然后将滴灌管逐条地顺到一侧，再撒入基肥，旋耕犁耕地，起高平畦，为春茬做好准备。

第三节　设施黄瓜水肥药一体化技术方案

一、黄瓜生物学特性

黄瓜要求土壤疏松肥沃，富含有机质。黄瓜在黏土中发根不良，在沙土中发根前期虽旺盛，但易于老化早衰。黄瓜适于弱酸性至中性土壤环境，最适酸碱度在 5.7～7.2。当土壤酸碱度小于 5.5 时，植株易发生多种生理障碍，黄化枯死；当土壤酸碱度高于 7.2 时，易烧根死苗，发生盐害。黄瓜是喜温蔬菜，并要求一定的昼夜温差，生育期间以 10～30℃ 为健壮植株生育温度，10℃ 以下生理失调，5℃ 以下难以适应，−2～0℃ 冻死。黄瓜根系对地温比较敏感，生育期最适宜地温为 25℃，根毛发育最低温度为 12～14℃，地温降到 12℃ 时根系发育受阻，8℃ 根系不能生长。黄瓜生长最适宜的昼夜温差是白天 25～30℃，夜间 13～15℃。黄瓜对空气湿度的要求较高，适宜的空气相对湿度为 70%～90%，空气湿度过大易发病，土壤水分过多易发生沤根。黄瓜根系呼吸强度大，具有好气性和好湿性的特点，主根纵向伸展及根系横向伸展均可达 1 米，但主要部分集中分布在近地表 25～30 厘米土层和植株周围 30 厘米的范围内。黄瓜根系木栓化早，再生能力弱，根系受伤后不易再生新根。茎作为根系向地上部输送养分的主要通道，黄瓜茎的粗细及节间长短是诊断植株是否健壮生长的重要指标之一。

二、黄瓜生长特点及水肥需求规律

（一）黄瓜生长特点

黄瓜生育周期包括 4 个时期，即发芽期、幼苗期、初花期和结果期。

发芽期：从种子萌发到第 1 片真叶出现为发芽期，一般为 5～7 天。此阶段生长缓慢，养分自给，需较高的温度、湿度和充足的光照，保证出苗率。

幼苗期：黄瓜从第 1 片真叶出现到 4～5 片叶为幼苗期，此期约 30 天。花芽开始分化，根、茎、叶等营养器官生长。此时期需要促控相结合，培育壮苗。

初花期：从黄瓜定植到根瓜坐住，约 25 天。主要是茎叶形成，其次是花芽继续分化，花数不断增加，根系进一步发展，以生殖生长为主。促控结合，促坐瓜控徒长。

结果期：黄瓜从根瓜坐住至衰老拉秧为结果期。此期主要特点是，生殖生长与营养生长仍同时进行，连续不断地开花结果，根系与主、侧蔓继续生长。应供给充足的水肥，促进结瓜、防止早衰。黄瓜生长快、结果多、喜肥，根系耐肥力弱，不耐缺氧，因此黄瓜定植时宜浅栽，切勿深栽，对土壤营养条件要求比较严格。

（二）黄瓜肥水需求规律

黄瓜是需水量较大、对水分要求非常严格的蔬菜作物，而且不同生育时期对水分的敏感性不同，需水量也不同。一般黄瓜的灌水下限为土壤相对含水量的 60%～75%，灌溉上限为土壤相对含水量的 90% 时，黄瓜产量高、品质好，水分利用率高。黄瓜果实的生长曲线呈 S 形，通常谢花后生长慢，以后逐渐加快，达到一定程度后逐渐减慢。果实主要由水分、糖类和矿质元素组成，每生产 1 000 千克黄瓜需要氮（N）2.8～3.2 千克、磷（P_2O_5）0.5～0.8 千克、钾（K_2O）3.0～3.7 千克、钙（Ca）2.1～2.2 千克、镁（Mg）0.4～0.5 千克。对养分的需求量是钾＞氮＞钙＞镁＞磷。

因此，果实的发育与水分、矿质养分和同化产物的供应有直接关系。黄瓜果实的大小和形状既是品种的特征之一，也是养分供应状况的反映。在其他条件一致的情况下，果实的生长速度反映了土壤养分供应是否充足。

　　黄瓜植株自定植到采收盛期再到拉秧期，其生长量是不断增大的，干物质的积累量不断增加。露地栽培的黄瓜从定植到初花期，干物质积累量只有 342 千克/公顷；到采收期，干物质积累量为 1 893 千克/公顷；采收始期到采收盛期和采收盛期到拉秧期，干物质积累量分别达到 4 843.5 千克/公顷和 8 328 千克/公顷。统计分析表明，黄瓜不同生育时期对养分的吸收量与干物质的增长量呈正相关关系。黄瓜对氮、磷、钾等养分的吸收量随生育时期不同而变化。结瓜期前植株各器官增重缓慢，营养物质的流向是以根、叶为主，同时还供给藤蔓和花芽分化发育，对氮、磷、钾的吸收量分别占总吸收量的 2.4%、1.2%、1.5%。进入结瓜期后，植株的生长量显著增加，结瓜盛期达到最大值，在结瓜盛期的 20 多天内，黄瓜吸收的氮、磷、钾量分别占吸收总量的 50%、47%、48%左右。结瓜后期，生长速度减慢，养分吸收量减少，其中以氮、钾减少较为明显。

三、设施黄瓜水肥药管理模式

　　设施黄瓜根系浅，主要分布在 15～25 厘米的耕层内，其根系的耐盐性较差，不宜一次性施用大量化肥，因此设施黄瓜适合于灌溉施肥。黄瓜对氮、磷、钾等营养元素的需求量大，吸收速率快。从稳产和高产角度出发，充足施用有机肥是黄瓜高产栽培的基础，一般以 1 500～3 000 千克/亩的腐熟鸡粪或其他优质商品有机肥或生物有机肥作为基肥。

（一）黄瓜苗期

　　黄瓜苗期对水肥需求量偏小，对氮、磷需求较高，对钾的需求量较小，为促进根系生长、健壮植株，要多施高氮、磷的肥料（表 5-3）。

表5-3 设施黄瓜苗期每亩施肥方案

施肥次数	用水量	灌溉方式	肥料类型	肥料用量
第1次	8 米³	滴灌	腐植酸水溶肥	5 千克
第2次	8 米³	滴灌	高磷水溶肥	5 千克
第3次	30 千克	喷灌	生物型叶面肥	50 克

（二）黄瓜抽蔓期

黄瓜抽蔓期营养生长与生殖生长并存，在满足植株生长的同时，要促进花芽分化，保花保果是提高产量的基础条件。此时期施肥方案见表5-4。

表5-4 设施黄瓜抽蔓期每亩施肥方案

施肥次数	用水量	灌溉方式	肥料类型	肥料用量
第1次	9 米³	滴灌	腐植酸水溶肥	5 千克
第2次	9 米³	滴灌	平衡水溶肥	5 千克
第3次	9 米³	滴灌	腐植酸水溶肥	5 千克
第4次	30 千克	喷灌	生物型叶面肥	50 克

（三）黄瓜结果初期

黄瓜结果初期营养生长与生殖生长并存，施肥既要满足植株的生长，促进花芽分化，又要促进果实膨大（表5-5）。该时期需施肥4次，前3次配合滴灌施用腐植酸水溶肥、平衡水溶肥、高钾水溶肥，第4次喷施叶面肥。

表5-5 设施黄瓜结果初期每亩施肥方案

施肥次数	用水量	灌溉方式	肥料类型	肥料用量
第1次	9 米³	滴灌	腐植酸水溶肥	5 千克
第2次	9 米³	滴灌	平衡水溶肥	5 千克
第3次	9 米³	滴灌	高钾水溶肥	5 千克
第4次	45 千克	喷灌	生物型叶面肥	100 克

（四）黄瓜结果盛期

黄瓜结果盛期需施肥5次，具体施肥方案见表5-6。在施用的肥料中，高效活性钾可以有效提升果实中维生素与可溶性固形物含量，提高品质。中微量元素水溶肥和大量元素水溶肥配合使用可以减少缺素症，增强生长势，提高产品质量，延长果实收获期。

表5-6 设施黄瓜结果盛期每亩施肥方案

施肥次数	用水量	灌溉方式	肥料类型	肥料用量
第1次	20米^3	滴灌	中微量元素水溶肥	5千克
第2次	20米^3	滴灌	平衡水溶肥	10千克
第3次	20米^3	滴灌	高钾水溶肥	10千克
第4次	20米^3	滴灌	高钾水溶肥	10千克
第5次	45千克	喷灌	生物型叶面肥	150克

（五）黄瓜结果末期

黄瓜进入结果末期，以生殖生长为主，施肥要达到减缓植株衰老速度同时促进产量提高的目的。黄瓜结果末期果实膨大、新梢生长所需的全部营养要被迅速吸收利用。该时期要重施叶面肥，叶面肥除了含有磷、钾外，还含锌、硼、锰、铁等中微量元素，可促进膨大，增加果实硬度，提高果实商品化率，增加效益，减慢植株老化（表5-7）。

表5-7 设施黄瓜结果末期每亩施肥方案

施肥次数	用水量	灌溉方式	肥料类型	肥料用量
第1次	7米^3	滴灌	高钾水溶肥	5千克
第2次	45千克	喷灌	生物型叶面肥	100克
第3次	45千克	喷灌	生物型叶面肥	100克

（六）设施黄瓜病虫害防治技术方案

设施黄瓜在种植前一定要进行土壤处理，以杀死土壤中的病原菌、虫卵等，减轻黄瓜生育期的危害。

黄瓜生育期的病虫害防治的整体原则为"预防为主、综合防治"。黄瓜的主要病害有霜霉病、白粉病和灰霉病等。白粉病可用70％乙膦铝·锰锌可湿性粉剂 500 倍液喷雾；霜霉病选用 56％百菌清可湿性粉剂 500～600 倍液或 75％百菌清防治。主要害虫有蚜虫、白粉虱、黄守瓜、瓜绢螟等。蚜虫可选用 1 500 倍液吡虫啉防治；白粉虱可用 2 500 倍液啶虫脒、噻嗪酮或 40％氯虫·噻虫嗪水分散粒剂防治；黄守瓜、瓜绢螟可用 2 000 倍液高效氯氟氰菊酯乳油防治。无论是土壤处理或者生育期间的病虫害防治，均可以根据药剂类型利用滴灌或喷灌设备进行。

第四节　设施辣椒水肥药一体化技术方案

辣椒水肥药一体化栽培方法同传统的辣椒栽培方法相比具有极大的优势，它是传统辣椒种植肥水灌溉方式的改革创新，能让辣椒种植的水肥药资源利用率得到明显的提升。同时，在水肥药灌溉过程中不会对辣椒栽培地区的土壤造成污染，节约水肥资源，以最少的水肥药资源消耗实现有效的灌溉、施肥、除草工作，为辣椒提供充足的营养，并做好辣椒病虫害防治工作，大大提高辣椒栽培的产量，降低辣椒栽培所需的成本，为辣椒种植户带来最大化的经济效益，满足市场对辣椒的需求。

一、基肥施用及整地移栽

基肥采用发酵腐熟的农家肥 60 000～75 000 千克/公顷或商品有机肥 750 千克/公顷（生物有机肥最佳）＋磷酸二铵 450～600 千克/公顷＋硫酸钾 300 千克/公顷，起垄前结合翻耕施入。辣椒应选择抗病、优质、高产、商品性好、适合市场需求的品种。起垄，垄宽 0.8米，垄沟宽 0.4 米，垄面高度 0.3～0.4 米。采用起垄栽培可以更好地提高地温。辣椒苗一般在 5 叶 1 心时定植，每垄种植两行，株距为

35～40 厘米。每行作物铺设一条滴灌带，滴头间距为 20～30 厘米。

二、灌水施肥方案

（一）灌水方案

缓苗水，定植后马上用滴灌灌透水以促进缓苗，灌水量 225～300 米^3/公顷，以加速秧苗根系与土壤的结合。蹲苗水，缓苗之后，辣椒要适当控制水分，进行辣椒蹲苗，蹲苗有利于根系的深扎。灌水量的大小，要根据环境、天气、土壤状况、生长势等因素合理调控。蹲苗-开花期，每次灌水 105～120 米^3/公顷。开花期-门椒初坐果期，每次灌水 150～180 米^3/公顷。门椒开始收获-收获结束，每次灌水 180 米^3/公顷。灌溉频率：根据种植季节，高温天气 5～7 天灌水一次，气温比较低时 10～15 天灌溉一次，除缓苗水外每次灌水均需施肥。为了确保大部分肥料保持在作物根区，灌水时应注意：在灌溉期间的前 1/4 时间段灌水，接下来的 1/2 时间段施肥，最后 1/4 时间段灌水。

辣椒主要的营养根系在土层 15 厘米左右，因为水泵上水量不同，具体施肥量、施肥时间应根据实际的天气情况、栽培基质含水量的多少以及膜下滴灌水肥一体化"少量多次、少施勤施、挖根施肥"等原则确定。辣椒主要根系集中在哪里，水就相应浇到哪里。多种肥料配方交替施用，效果更佳。建议提前 10 分钟把肥料溶解好。以 1 小时灌溉为例，滴灌系统运行时，不要立即施肥，先浇10～15 分钟的清水，这样有利于湿润地面，使肥液更好到达作物的营养根区，然后灌溉施肥 30～40 分钟（这段时间的控制可以根据挖根施肥原则进行）。施肥完毕后，再灌溉清水 10 分钟左右，这样利于清洗管道内残留的肥液和减少残留在地表的肥液经过蒸发而造成的氨气中毒。

（二）施肥方案

追肥应施用速效性全水溶性肥料，以便保持营养均衡。

1. 幼苗期至开花期

开始滴灌施肥，苗期不能太早灌水，只有当土壤出现缺水现象时，才能施肥。适当控制水肥供应，有利于开花坐果。施用氮、磷、钾比例为 26 - 12 - 12 的配方肥，用量为每次 45 千克/公顷。此期施肥可以促进根系的生长，为下一步的花芽分化及进一步的营养生长打下基础。

2. 开花坐果期（门椒现蕾　初坐果期）

门椒现蕾后进入开花坐果期，此期施用氮、磷、钾比例为 19 - 19 - 19 的配方肥，用量为每次 75 千克/公顷。此期施肥是为了促进辣椒不断地分枝、开花、结果，保证辣椒营养生长与生殖生长对养分的需求，保花保果，提高抗病能力。

3. 坐果期（门椒坐果　拉秧）

当门椒坐果后，果实开始迅速生长，此时进行追肥。随着"对椒""四面斗""八面风"，分叉和开花数目的增加，应加大施肥量，此期氮、磷、钾比例为 19 - 19 - 19 的配方肥与氮、磷、钾比例为 15 - 10 - 30 的配方肥交替施用，先施用 2 次高钾配方肥（15 - 10 - 30）后，再施用 1 次平衡配方肥（19 - 19 - 19），每次 60～75 千克/公顷。

4. 注意事项

施用任何钙肥，要单独施用，或者把钙肥和大量元素水溶肥分别配成母液，然后再混合快速施用，这样会尽可能减少钙与其他元素产生拮抗作用，而不影响施用效果。

三、病虫害防治方案

大棚辣椒的病虫害，预防是关键。主要措施：前茬的病残体要及时销毁，从根本上减少病虫的来源；高温闷棚消毒，使辣椒的生长环境更洁净；在晴天的上午进行膜下灌水，然后及时通风，降低棚内的空气湿度；合理使用农药。蔬菜疾病多发生在连阴天，因此要时刻关注天气变化，提前做好药物喷洒工作，一旦发生病虫害，要将发生病变的部位尽快去掉，并且尽快用药。辣椒常见的病害有疫病、根腐病、脐腐病、灰霉病 4 种，常见的虫害有斑潜蝇、白粉虱、蓟马、烟青虫等。

辣椒疫病主要是预防，预防措施包括栽前闷棚、在栽苗的时候使用药土、用 1% 硫酸铜浸泡辣椒种子 5 分钟，这样可以起到消毒预防的作用。发生病害时，用 98% 硫酸铜 300 倍液，或用 69% 的安克锰锌 600 倍液灌根或喷施，每亩使用 55 千克左右的药液；如果灌根，每棵辣椒建议使用 450 克左右的药液，建议每 7 天灌根 1 次；如大面积发病则药液可以随滴灌系统滴入。辣椒根腐病发生时，用 97% 噁霉灵 3 000 倍液，或用 20% 甲基立枯磷粉剂 1 200 倍液灌根、喷施，灌根时每棵辣椒用药液 350 克左右。辣椒脐腐病是一种生理性病害，发病原因是辣椒果实缺钙，缺钙是由浇水不充分或不均匀、土壤含盐量太高等因素引发的。防治措施：浇水足量、均匀；在结果期要进行叶面补钙，每 7 天喷施 0.1%～0.3% 的氯化钙或硝酸钙水溶液。喷施时，加入新植霉素 4 000 倍液以防细菌感染。辣椒灰霉病的主要发病原因是棚内湿度太大，而且持续时间太长。建议每亩每次使用 230 克左右的 10% 腐霉利烟雾剂进行熏蒸，每 7 天熏蒸 1 次，连续熏蒸 2～3 次。常用的喷洒药剂也有很多，如多氧清生物杀菌剂 1 000 倍液、50% 乙烯菌核利可湿性粉剂 1 000 倍液、50% 异菌脲可湿性粉剂 2 000 倍液。这几种药物交替使用，每 7 天喷施 1 次，连续喷施 2～3 次。

大棚白粉虱的防治可以使用黄色机油板进行黏杀或使用联苯菊酯、噻嗪酮 2 000 倍液进行喷雾。防治辣椒斑潜蝇的最佳时期在其卵孵化期或者成虫高峰期，在这一阶段中喷洒化学药剂，能够获得良好的杀虫效果。可使用 1.8% 甲氨基阿维菌素苯甲酸盐溶液，早一次、晚一次，以每天两次的频率对大棚内部充分喷洒。或是选用 1.8% 阿维菌素 3 000 倍液，也能取得良好的杀虫效果。可与这两种药剂进行交替喷洒的有 20% 阿维·杀蝉与 50% 的灭蝇胺，经过科学的比例调配以后，与上述两种药剂进行交替喷洒，能够起到良好的防治作用。

蓟马的防治可用药剂有 25% 喹硫磷乳油、2.5% 溴氰菊酯 2 000 倍液、20% 丁硫克百威 2 000 倍液。烟青虫的防治可利用冬天翻耕土壤，进行灭蛹，以减少第二年的虫口数量。或摘除虫蛀果,以防虫害蔓延,在适当的防治期喷施药物,常用的药物有氰戊·马拉松乳油 6 000 倍液等。药物喷施要在幼虫 3 龄之前完成,以确保防治的效果。

第五节　设施草莓水肥药一体化技术方案

草莓是一种多年生草本植物,属于蔷薇科草莓属,其果实口感佳、营养丰富,富含多种人体必需的微量元素,且具有止痛、消炎、清热、祛毒等保健作用,是优良的鲜食和加工兼用果品。利用大棚种植草莓,结合水肥药一体化技术,使草莓的成熟期相比于露地种植提早 5~6 个月,且产量更高、品质更优,具有更加突出的经济效益。

一、种苗培育

(一)品种选择
大棚栽培的草莓,应选择具有品质优、休眠浅、花芽形成早、生长势强、对低温要求不严格、成熟期早、抗病及市场价值高、连续结果能力强、产量高等特点的品种,如红颜、章姬、丰香等。

(二)繁殖幼苗
草莓最常用的繁殖方法是匍匐茎繁殖法。选择背风向阳、疏松肥沃、排灌水方便的地块作为繁殖地,每 3 行疏除 2 行只留 1 行,选取健壮无毒植株并剥掉下部老叶和枯叶,加大株行距繁苗。同时,除草、整地与松土,对于新长出的匍匐茎,应当及时进行整理,确保其基部埋在土中,待幼苗长出 3~4 片叶时便可进行移植。

(三)育苗管理
及时摘除早春母株抽生的全部花序,有利于节省养分,促进匍匐茎的发生和幼苗生长。母株抽生匍匐茎时要及时把茎蔓理顺,均匀分布，及时压土。为了促进生根，待抽生幼叶时可通过细土压蔓的方式将前端压向地面，使生长点尽量外露，以实现生根目的。匍匐茎苗布满床面时要去掉多余的匍匐茎，一般每株母株保留 60～70 个匍匐茎苗。草莓是浅根系作物，注意灌排水，保持土壤湿润；并适时进行追肥，以确保供应草莓生长所需的养分，具体视生长情况叶面追施 0.2％尿素或适量复合肥 2～3 次。此外，应加强对病虫草害的防治。

二、大棚准备

在棚地选择方面，建议优选土壤肥沃、地势平坦、背风向阳、通透性好、排灌便利且交通便利的地块。为了避免出现重茬障碍，在选择草莓的前茬作物时，应当优选玉米、小麦、豆类以及瓜类，不宜选马铃薯、番茄以及茄子等。将腐熟的农家肥及适量化肥作基肥，施农家肥 75 吨/公顷、氮磷钾三元复合肥 750 千克/公顷。施肥后，深翻耕、耙平，整畦做垄，垄高 25 厘米，垄面宽 50 厘米，垄沟宽 30 厘米。垄面平整，埂要直，可适当镇压，灌 1 次小水，以避免栽苗后植株下陷，影响苗木成活。

对于大棚草莓栽植的水肥一体化技术来说，需在定植前进行滴灌设备的安装。水肥种类以及功率的选择，应当视灌溉面积及水源状况而定。过滤器通常选择叠片过滤器，且以 0.125 毫米以上精度的为宜；施肥器用于灌水时向草莓追肥，安装在水源与主管间，其又细分为比例式施肥器、文丘里施肥器、压差式施肥罐以及其他泵吸收施肥器；输配水管由支管、干管以及滴灌带构成；为了对系统各项指标参数进行实时控制，在系统中安装流量表、压力与流量调节器、压力表、安全阀以及进排气阀等。

三、定植

定植时间一般在 8 月中旬至 9 月中旬，最晚不超过 9 月下旬，尽量选择阴雨天或傍晚进行移栽，避开炎热晴天中午，以防止灼苗，也可在栽植前摘除部分叶片，以减少叶面蒸发。一般采用一垄双行定植，株距 12～16 厘米，种植密度以 15.0 万～18.0 万株/公顷为宜。苗尽量带土，定向栽植，确保苗根部舒展，根系稍向内侧、弓背向垄边，以促进果实能均匀着生在垄的两坡，也利于果实着色与采收。栽植应当遵循"深不埋心、浅不露根"的基本原则，基本保持垄面与苗心基部平齐为宜，定植后应当覆土压实并浇透水。定植后在垄中间铺直径 3 厘米的滴灌软管带，滴头间距一般以 20 厘米为宜，为保持土壤湿润和促进幼苗成活生长，要注意适时浇水。

四、定植后管理

定植后及时对缺苗处进行补苗，并适时摘除病叶、老叶，通常以每株保留 5～6 片新叶为宜，以确保植株处于良好的生长状态。铺设黑色地膜不仅可以抑制棚内杂草滋生，还有利于对棚内水分的保持，更有利于对棚内温度的控制。此外，地膜还能够将草莓果实与土壤隔绝，大大降低病虫害发生概率，也有助于提升草莓果实的品质。具体铺设时期通常选在现蕾期，将地膜覆盖在植株上，在苗株处撕开小孔并将叶片小心掏出，此操作务必确保中心叶片露出地膜，以便植株后续正常生长。

20～28℃是草莓生长的最佳温度范围，且温度低于 5℃或高于36℃将严重影响草莓的生长。当外界白天气温低于 15℃时应及时扣棚，通常情况下，白天温度保持在 25～29℃较为合适，晚上温度则以 8～12℃为宜。此外，可通过覆盖草苫方式进行冬季保暖，且尽量早揭晚盖，以提升棚内温度。在湿度控制方面，在开花前湿度应当控制在 80％以下，待其进入果实膨大期后则以 60％较为合适。应适时进行通风换气，以免由于温度、湿度过高造成病害发生。待翌年气温明显回升后，即在 4 月左右拆除大棚两侧的围膜，以实现降温降湿的效果。

五、水肥管理

在水肥管理方面，应当视具体品种的生长特性和生长环境来决定养分配比、施肥量和追肥种类等。在铺设管网前施用氮肥总量的 20%～30%、磷肥总量的 80%左右以及钾肥总量的 30%～40%，在蘸肥方面通常选用有机肥和各种难溶性肥料，追肥则以速效肥为主，且以少施频施为主，常见的速效肥有尿素、硫酸铵、磷酸二氢钾、硫酸钾、硝酸钾、滴灌专用肥等。根据墒情及时浇水灌溉，确保草莓生长所需的水分。在草莓全生育周期内，有几个关键期的水肥管理尤为关键。首先，开花期前，在基肥不是很充足的情况下，可以追施尿素 135～150 千克/公顷、硫酸钾 60～90 千克/公顷以促进开花；其次，在草莓大量结果后，为及时补充生长所需养分，应当及时追肥，以促进新叶、新根的生长，可采用高浓度复合肥及尿素 150 千克/公顷分别交替施用（间隔时间一般为 10～15 天）。

六、植株管理及授粉

首先，进行整形去叶。待草莓生长加速后，及时将分蘖、匍匐茎以及老叶、衰叶、病叶摘除，每株保留 1～2 个较健壮的分蘖便可。其次，进行昆虫传粉辅助。虽然草莓属于自花授粉植物，但由于棚内空间较为封闭，缺乏昆虫传粉，有时将出现授粉不充分导致的畸形果。为此，可通过放养蜜蜂的方式进行授粉辅助，以提高授粉率，进而提高草莓的产量与质量。放蜂最好选择在初花期进行，为避免影响授粉，建议花期不喷洒药剂。此外，也可以通过人工点授方式进行辅助授粉，具体方法为用毛笔蘸上授粉品种的花粉进行点授，但要注意不要操作过重碰伤柱头。此外，要适当疏花、疏蕾，做到去高留低、去弱留强。

七、病虫害防治

叶斑病、白粉病、灰霉病是危害草莓的主要病害，蚜虫则是危害草莓最主要的虫害。具体可采用化学防治、物理防治及生物防治相结合的综合手段进行有效防治，摒弃使用高毒高残留的农药，优选高效低毒低残留的农药。可用 25%三唑酮可湿性粉剂 3 000 倍液防治白粉病；用 25%乙霉威可湿性粉剂 600 倍液或等量式波尔多液 200 倍液于现蕾至开花期喷雾防治灰霉病；感染叶斑病可在发病初期用 70％百菌清可湿性粉剂 500～700 倍液进行喷雾防治。草莓采收后的土壤消毒方法包括两种：一是利用太阳暴晒进行高温消毒。土壤翻耕后，起垄覆盖薄膜，经太阳辐射 3～4 周，达到高温消毒的目的。二是采用 70％甲基硫菌灵可湿性粉剂 1 000 倍液进行药剂消毒。

八、采收

草莓果实表面着色在 70％以上便可进行采收，保证果实新鲜尤为关键。初熟时可 2 天采收 1 次，盛熟期应每天采收 1 次。建议在清晨或傍晚进行采收。为了避免腐烂变质，不摘露水果和晒热果。采收时要轻拿、轻摘、轻放，连同果柄一同采下，用指甲掐断果柄即可，不要带梗采收，采收后及时分级盛放并包装。

参 考 文 献

艾尼瓦尔·吉力力，2017. 70%噻虫嗪内吸性种子处理杀虫剂滴灌施药防治棉蚜药效研究 [J]. 现代农业科技 (10)：105，109.

蔡焕杰，2003. 大田作物膜下滴灌的理论与应用 [M]. 西安：西北农林科技大学出版社.

曹兵，2009. 膜下滴灌瓜类作物优质高产栽培技术 [M]. 乌鲁木齐：新疆美术摄影出版社.

陈爱昌，魏周全，莫娟，等，2020. 6种杀菌剂灌根防治马铃薯炭疽病药效试验研究 [J]. 种子科技，38 (8)：12 - 13.

崔丽静，蔡青宁，韩廷锦，2013. 苹果药肥替代及配用增效技术 [J]. 烟台果树 (4)：37 - 38.

戴爱梅，李广华，孔德芳，等，2016. 博州膜下滴灌玉米水肥药一体化高产栽培技术 [J]. 新疆农业科技 (1)：36 - 37.

邓兰生，涂攀峰，张承林，等，2011. 水肥一体化技术在香蕉生产中的应用探究 [J]. 安徽农业科学，39 (25)：15306 - 15308.

丁发强，李金玲，石磊，等，2016. 日光温室黄瓜水肥一体化栽培关键技术 [J]. 农业技术与装备 (12)：69 - 71.

段义忠，相微微，张建军，2018. 榆林山地苹果水肥一体化管理周年操作技术 [J]. 黑龙江科学，9 (22)：40 - 41.

范波，2014. 日光温室越冬茬西葫芦水肥药一体化栽培技术研究 [J]. 新农村 (18)：113 - 113.

方彦杰，张绪成，于显枫，等，2019. 甘肃省马铃薯水肥一体化种植技术 [J]. 甘肃农业科技 (3)：87 - 90.

高继龙，2017. 马铃薯水肥一体化栽培管理技术 [J]. 农业工程技术 (1)：57.

耿波，2018. 水肥一体化技术在猕猴桃栽培上的应用 [J]. 中国农技推广 (4)：54 - 55.

何明明，费林瑶，2013. 威百亩对设施作物根结线虫病及其他土传病害的防效研究 [J]. 湖南农业科学 (1)：84-86，91.

贺少华，陈建华，王菲，等，2018. 猕猴桃病虫害防治中存在的问题及思考 [J]. 江西农业 (18)：17.

黄可东，2014. 浅析日光温室越冬茬番茄水肥药一体化栽培技术 [J]. 新农村 (20)：120-120.

黄喜章，2017. 喷滴灌水肥药一体机设备 [R]. 鹰潭：江西沃邦农业科技有限公司.

贾洪男，2018. 河北马铃薯水肥一体化种植技术 [J]. 农业工程技术，38 (14)：54.

姜守军，2015. 棉花水肥一体化栽培技术 [J]. 新疆农业科技 (6)：42-43.

景炜明，陈永利，王刚，2019. 设施黄瓜水肥一体化技术研究 [J]. 蔬菜 (7)：59-62.

雷勇，2015. 96%金都尔乳油随水滴灌施药防治棉田杂草试验效果探讨 [J]. 农民致富之友 (2)：145.

李富先，2009. 新疆棉花膜下滴灌优质高产栽培技术 [M]. 乌鲁木齐：新疆美术摄影出版社.

李海珀，2018. 马铃薯水肥一体化膜下滴灌技术 [J]. 种子科技，36 (6)：43，45.

李鸿满，2020. 日光温室蔬菜水肥药一体化技术 [J]. 农家参谋 (9)：47.

李建勇，张瑞明，朱恩，2019. 设施黄瓜水肥一体化生产技术操作规程 [J]. 上海农业科技 (2)：79-82.

李静，2019. 甘薯水肥一体化绿色高产栽培技术 [J]. 农家参谋 (14)：93.

李强，2018. 滴灌法施药防治香蕉黄胸蓟马应用技术研究 [D]. 南宁：广西大学.

李秋捷，2018. 滴灌法施药防治香蕉根结线虫病的应用技术研究 [D]. 南宁：广西大学.

李喜梅，岳振辉，2018. 大棚黄瓜栽培及病虫害防治技术 [J]. 农民致富之友 (18)：138.

李霞，杜娟，王剑，2018. 玉米水肥一体化技术推广探讨 [J]. 现代农业科技 (20)：50.

李颖，杨宁，孙占祥，等，2019. 农田水药一体化技术研究与应用进展 [J]. 农药，58 (8)：553-560.

李永梅，陈学东，李锋，等，2018. 宁夏枸杞水肥一体化智能控制技术应用效益 [J]. 江苏农业科学，46（21）：160-163.

李有兵，张洁，和青山，等，2019. 水肥一体化技术在大樱桃上的应用 [J]. 西北园艺（综合）（3）：61-62.

林萍，岳绚丽，2009. 新疆大田膜下滴灌技术及应用 [M]. 乌鲁木齐：新疆美术摄影出版社.

刘飞，张明，李海龙，2018. 秋茬番茄水肥一体化种植技术 [J]. 吉林农业（24）：82-83.

刘刚，2014. 枸杞病虫害防治药剂登记情况 [J]. 农药市场信息（16）：35.

刘莉萍，刘德胜，2018. 大棚辣椒种植技术及病虫害防治初探 [J]. 南方农业，12（17）：17-18.

刘敏，张玲，曹环，等，2018. 水溶性肥料结合水肥一体化技术在甜梨上的应用效果 [J]. 安徽农业科学，46（12）：151-152.

刘燕娜，2018. 大棚辣椒种植技术及病虫害防治对策分析 [J]. 农民致富之友（15）：15.

龙轲，2017. 猕猴桃水肥一体化施肥技术 [J]. 农村新技术（5）：17.

鲁建英，王春芳，2001. 幼龄梨园用氟乐灵滴灌除草试验 [J]. 山西果树（2）：48.

路洪宝，2018. 滴灌施用氟吡菌酰胺防治黄瓜根结线虫病应用技术研究 [D]. 泰安：山东农业大学.

路战远，咸丰，张建中，等，2017. 内蒙古西部植棉区棉花膜下滴灌水肥一体化栽培技术规程 [J]. 棉花科学，39（3）：38-42.

吕宁，周光海，陈云，等，2018. 滴施生物药剂对棉花生长、黄萎病防治及土壤微生物数量的影响 [J]. 西北农业学报，27（7）：1056-1064.

孟华岳，郑淑琼，文英杰，等，2019. 滴灌施用噻虫胺防治柑橘木虱研究 [J]. 华南农业大学学报，40（2）：47-52.

苗莉莉，2020. 苹果病虫害防治措施研究 [J]. 农业开发与装备（1）：205.

屈玉玲，胡朝霞，庞烨，等，2006. 棉花水肥一体化技术 [J]. 中国棉花（11）：35.

任玉鹏，2016. 滴灌施用阿维菌素防治番茄根结线虫病的可行性评价 [D]. 泰安：山东农业大学.

沈家禾，李勇，陈爱萍，等，2019. 大棚番茄水肥一体化技术应用研究 [J]. 湖南农业科学（2）：46-48.

石磊，2017. 生物药剂随水滴施对棉花黄萎病及土壤微生态的影响［D］. 石河子：石河子大学.

孙理博，2019. 玉米应用水肥一体化技术研究与推广［J］. 农民致富之友（3）：90.

孙启忠，王蓉，樊继刚，等，2016. 保护地黄瓜水肥一体化技术应用研究［J］. 上海蔬菜（4）：47-48.

孙振荣，王兴田，2017. 设施黄瓜水肥一体化技术［J］. 农业科技与信息（6）：65-66.

唐仕华，2018. 设施草莓水肥一体化栽培技术［J］. 农业科技与信息（14）：13-15.

唐艳鸿，2006. 苹果优质栽培配套技术［M］. 成都：四川科学技术出版社.

田凌，宽鹏德，左佳妮，等，2019. 滴灌-微喷水肥药一体化系统在设施农业灌溉中的应用［J］. 现代农业科技（1）：153，158.

汪俊玉，刘东阳，宋霄君，等，2018. 滴灌水肥一体化条件下番茄氮肥适宜用量探讨［J］. 中国土壤与肥料（6）：98-103.

王德刚，张保庆，董庆，2010. 玉米应用水肥一体化技术研究与推广［J］. 中国农村小康科技（1）：65-66.

王红府，赵明富，2019. 桃园水肥药一体化控制系统的设计［J］. 现代农业研究（12）：52-53，63.

王琨，2016. 宁夏中部干旱带枸杞水肥一体化高效栽培技术研究［D］. 银川：宁夏大学.

王磊，潘起来，李润杰，等，2015. 水肥一体化技术在柴达木枸杞上的应用［J］. 青海大学学报（自然科学版）（2）：24-28.

王思铭，罗春艳，姚忠宝，等，2020. 浅谈"智能型"水肥药一体化技术［J］. 科技风（6）：19.

王晓坤，2017. 吡唑醚菌酯水药一体化防治番茄颈腐根腐病应用技术研究［D］. 泰安：山东农业大学.

王彦，王国强，刘娜，等，2018. 温室专用水肥药一体化滴灌技术［J］. 湖北农业科学，57（5）：41-42，102.

王银福，王红星，张明学，等，2019. 小麦不同水肥一体化模式比较试验［J］. 基层农技推广，7（1）：7-9.

王振学，胡信民，刘西丽，2019. 甘薯水肥一体化栽培技术［J］. 科学种养（2）：19-20.

吴涛，任伟，赵英杰，等，2016. 猕猴桃水肥一体化施肥技术 [J]. 果农之友
（4）：11＋19.

吴中营，郭献平，张英，等，2019. 水肥一体化技术在梨生产上试验初报
[J]. 农村·农业·农民（B版）（2）：60.

肖长坤，张涛，陈海明，等，2010. 20%辣根素水剂对设施草莓土壤消毒的效
果 [J]. 中国蔬菜（21）：29 - 31.

徐鹏，张功友，张翠珍，2017. 日光温室黄瓜水肥一体化技术应用研究 [J].
蔬菜（7）：76 - 78.

徐卫红，2014. 水肥一体化实用新技术 [M]. 北京：化学工业出版社.

阳军，崔红梅，何新安，2006. 20%康福多可溶剂随水滴施防治棉蚜试验
[J]. 农业科技（10）：19.

杨洪辉，张顺，2019. 水肥药一体化在辣椒栽培上的应用 [J]. 南方农业，13
（24）：47，49.

杨科荣，贺生兵，范彦鹏，2017. 温室辣椒膜下滴灌水肥一体化栽培技术
[J]. 农业科技与信息（1）：81 - 82.

杨林林，杨胜敏，韩敏琦，等，2016. 北京市樱桃水肥一体化技术研究 [J].
河南农业（23）：15 - 16.

杨柳，南雄雄，王昊，等，2019. 水肥一体化技术对叶用枸杞产量及水肥利用
率的影响 [J]. 天津农业科学，25（6）：72 - 75.

杨胜敏，杨林林，韩敏琦，等，2016. 北京市樱桃水肥一体化技术研究 [J].
河南农业（8）：15 - 16.

杨文平，2010. 枸杞病虫害防治安全用药措施 [J]. 宁夏农林科技（3）：
58 - 59.

杨晓明，2019. 日光温室蔬菜水肥药一体化技术 [J]. 西北园艺（综合）（5）：
17 - 18.

杨志刚，黄学东，刘丽霞，等，2006. 棉田滴施康福多与喷施赛丹防治棉蚜效
果对比试验初报 [J]. 中国棉花（1）：12.

叶永伟，洪莉，潘静，2016. 设施樱桃水肥药一体化技术试验示范 [J]. 中国
农业信息（20）：129 - 131.

于春艳，2018. 简析马铃薯水肥一体化栽培技术 [J]. 农民致富之友
（23）：25.

袁园，2017. 枸杞病虫害防治技术 [J]. 现代农村科技（11）：27.

苑学亮，徐倩，吕彦霞，2017. 大棚草莓水肥一体化综合栽培技术 [J]. 现代

农业科技 (3)：74-75.

张承林，邓兰生，2012. 水肥一体化技术 [M]. 北京：中国农业出版社.

张栋海，蔡志平，李克福，等，2012. 滴施"枯草芽孢杆菌可湿性粉剂"对棉花的防病效果 [J]. 新疆农业科技 (2)：20-21.

张恭，杜德玉，揭琴，等，2019. 甘薯水肥药一体化栽培技术 [J]. 现代农村科技 (12)：30.

张鹏，赵云贺，韩京坤，等，2015. 不同施药方式下噻虫嗪和噻虫胺对韭菜迟眼蕈蚊的防治效果 [J]. 植物保护学报 (4)：645-650.

张强，2018. 甘薯水肥一体化绿色高产栽培技术 [J]. 农村新技术 (11)：11-13.

张亚林，周吉辉，王兰，等，2018. 无人机和滴灌施药对棉蚜及其天敌的影响 [J]. 中国棉花，45 (9)：26-29.

张映辉，2016. 冬季马铃薯膜下滴灌水肥药一体化栽培技术初探 [J]. 南方农业，10 (6)：20-21.

张志明，张维杰，韩文智，2020. 基于嵌入式水肥药一体化系统的研究 [J]. 农业技术与装备 (5)：48-50.

赵继艳，2018. 冀北山区水肥药一体化技术及黄瓜试验示范与应用 [J]. 农业科技通讯 (9)：132-133.

赵思峰，2017. 滴灌条件下加工番茄根腐病发生原因分析及生防菌防病机制研究 [D]. 杭州：浙江大学.

郑长英，曹志平，陈国康，等，2005. 番茄嫁接防治温室根结线虫病的研究 [J]. 中国生态农业学报 (4)：164-166.

朱维新，李娟，朱华，2014. 高台县辣椒平作膜下滴灌栽培技术研究 [J]. 中国农业信息 (17)：8.

附录 禁限用农药名录

《农药管理条例》规定，农药生产应取得农药登记证和生产许可证，农药经营应取得经营许可证，农药使用应按照标签规定的使用范围、安全间隔期用药，不得超范围用药。剧毒、高毒农药不得用于防治卫生害虫，不得用于蔬菜、瓜果、茶叶、菌类、中草药材的生产，不得用于水生植物的病虫害防治。

一、禁止（停止）使用的农药（46种）

六六六、滴滴涕、毒杀芬、二溴氯丙烷、杀虫脒、二溴乙烷、除草醚、艾氏剂、狄氏剂、汞制剂、砷类、铅类、敌枯双、氟乙酰胺、甘氟、毒鼠强、氟乙酸钠、毒鼠硅、甲胺磷、对硫磷、甲基对硫磷、久效磷、磷胺、苯线磷、地虫硫磷、甲基硫环磷、磷化钙、磷化镁、磷化锌、硫线磷、蝇毒磷、治螟磷、特丁硫磷、氯磺隆、胺苯磺隆、甲磺隆、福美胂、福美甲胂、三氯杀螨醇、林丹、硫丹、溴甲烷、氟虫胺、杀扑磷、百草枯、2,4-滴丁酯

注：氟虫胺自2020年1月1日起禁止使用。百草枯可溶胶剂自2020年9月26日起禁止使用。2,4-滴丁酯自2023年1月29日起禁止使用。溴甲烷可用于"检疫熏蒸处理"。杀扑磷已无制剂登记。

二、在部分范围禁止使用的农药（20种）

通用名	禁止使用范围
甲拌磷、甲基异柳磷、克百威、水胺硫磷、氧乐果、灭多威、涕灭威、灭线磷	禁止在蔬菜、瓜果、茶叶、菌类、中草药材上使用，禁止用于防治卫生害虫，禁止用于水生植物的病虫害防治
甲拌磷、甲基异柳磷、克百威	禁止在甘蔗作物上使用
内吸磷、硫环磷、氯唑磷	禁止在蔬菜、瓜果、茶叶、中草药材上使用

（续）

通用名	禁止使用范围
乙酰甲胺磷、丁硫克百威、乐果	禁止在蔬菜、瓜果、茶叶、菌类和中草药材上使用
毒死蜱、三唑磷	禁止在蔬菜上使用
丁酰肼（比久）	禁止在花生上使用
氰戊菊酯	禁止在茶叶上使用
氟虫腈	禁止在所有农作物上使用（玉米等部分旱田种子包衣除外）
氟苯虫酰胺	禁止在水稻上使用

农业农村部农药管理司

2019 年 11 月